エンジンエックス

nginx
実践入門

KUBO Tatsuhiko
久保達彦
MICHII Shunsuke
道井俊介
［著］

技術評論社

本書で利用しているソフトウェアは、執筆時点（2015年10月）の最新である次のバージョンで動作確認を行っています。

- Debian GNU/Linux 8 (jessie)
- nginx 1.9.5[※]
- OpenResty 1.9.3.1
- PCRE 8.37
- zlib 1.2.8
- OpenSSL 1.0.2d
- GD 2.1.1
- Fluentd 0.12.16

[※]第10章「OpenResty──nginxベースのWebアプリケーションフレームワーク」ではOpenRestyにバンドルされているnginxを利用しているため、利用しているOpenRestyのバージョンによるものとします。

環境や時期により、手順・画面・動作結果などが異なる可能性があります。

本書の内容に基づく運用結果について、著者、ソフトウェアの開発元および提供元、株式会社技術評論社は一切の責任を負いかねますので、あらかじめご了承ください。

本書に記載されている会社名・製品名は、一般に各社の登録商標または商標です。本書中では、™、©、®マークなどは表示しておりません。

本書で利用しているサンプルコードはWebで公開しています。詳細は本書サポートページを参照してください。補足情報や正誤情報なども掲載しています。
http://gihyo.jp/book/2016/978-4-7741-7866-0/support

▌本書に寄せて

　私は幼いころから盆栽、庭園、生け花、俳句、根付けといった伝統的な日本文化の大ファンでした。2014年の中ごろ私は初めて日本を訪問し、現代の日本にもより興味を持つようになりました。とりわけ、東京の過去と未来の非常に良いバランスにはとても感銘を受けました。

　誰かや何かに対して強い関心を持っているとき、相互に惹かれ合っていたことを知るのは非常にうれしいことです。私は日本のオープンソースソフトウェアのユーザがnginxに強い関心を持っていることを知って非常にうれしく思っていました。

　東京に滞在中、我々のパートナー（サイオステクノロジー）[注1]が主催したミートアップにおいて、100人を超す日本のnginxユーザに会う機会があり、彼らのあたたかい歓迎に圧倒されました。日本のnginxユーザと話す機会を得られて本当に感謝しています──非常に勉強になり、印象に残っています。

　この本が日本のnginxユーザが我々のソフトウェアをよりよく理解し、便利なテクニックを身に付け、そしてスケーラブルで将来に渡って利用できるWebアプリケーションを構築する手助けになることを願っています。

　また、この本が日本のnginx人口の増加に貢献してくれることを期待しています。

Igor Sysoev

注1　http://www.sios.com/

■ はじめに

　本書はこれからnginxを使ってみたいという方や、すでにnginxを利用
しているけどもっと使いこなしたいという方に向けた実践的な入門書です。

　nginxのインストールや設定方法、HTTPおよびHTTPSサーバとして利
用する際の勘所、UnicornやPHP-FPMといったアプリケーションサーバ
との連携、実際の運用で必要になるモニタリング、はたまた高トラフィッ
クなコンテンツ配信システムの構築方法や軽量なスクリプト言語であるLua
を利用したnginxの拡張方法といった幅広い内容を扱っています。

　解説には、高トラフィックの広告配信システムやEコマースサイト、さ
らには20Gbpsを超える画像配信システムを実際にnginxを利用して開発
／運用していく中で執筆陣が培ったノウハウがふんだんに詰め込まれてお
り、現実の場面で利用できる多くのテクニックを紹介しています。

　本書を通じて、みなさんがより良いWebサイトやシステムを作る手助け
ができれば幸いです。

著者を代表して

久保達彦

2015年12月

■ 謝辞

　Igor Sysoev氏をはじめとするすべてのnginx開発者、コミュニティの皆
様の献身に感謝いたします。この本がnginxコミュニティの拡大の一助に
なることを願っています。

　本書を執筆するにあたって多くの方々にご協力いただきました。まず、
本書のベースとなった特集記事を一緒に執筆した飯田祐基さん、あの記事
があったからこそ本書を執筆できました。次に、技術評論社の池田大樹さ
んには、雑誌執筆時より長期間に渡りご尽力いただきました。

　また、多くの方々にレビューいただき、本書をより良い内容にすること
ができました。順不同となりますが、金子達哉(catatsuy)さん、高山温さ
ん、田籠聡(tagomoris)さん、鳥居剛司(toritori0318)さん、長野雅広
(kazeburo)さん、株式会社時雨堂の中居良介さん、吉田大志(Hexa)さん、
本当にありがとうございました。

　最後になりますが、長い執筆期間中ずっと支えてくれた家族、友人に感
謝いたします。

■ 各章の執筆者と初出一覧

各章の執筆者と、初出情報について以下に記述します。

章	タイトル	執筆者
第1章	nginxの概要とアーキテクチャ[※1]	久保達彦
第2章	インストールと起動[※1]	久保達彦
第3章	基本設定[※1]	道井俊介
第4章	静的なWebサイトの構築[※1]	道井俊介
第5章	安全かつ高速なHTTPSサーバの構築[※2]	道井俊介
第6章	Webアプリケーションサーバの構築[※1]	道井俊介
第7章	大規模コンテンツ配信サーバの構築[※1]	道井俊介
第8章	Webサーバの運用とメトリクスモニタリング	道井俊介
第9章	Luaによるnginxの拡張——Embed Lua into nginx	久保達彦
第10章	OpenResty——nginxベースの Webアプリケーションフレームワーク	久保達彦

[※1] WEB+DB PRESS Vol.72特集2「[詳解]nginx」をもとに大幅に加筆修正。第4章と第7章は飯田祐基氏執筆の原稿を、了解を得たうえで大幅に加筆修正

[※2] 道井俊介氏執筆の「我々はどのようにして安全なHTTPS通信を提供すれば良いか」(http://qiita.com/harukasan/items/fe37f3bab8a5ca3f4f92)をもとに大幅に加筆修正

■ 参考文献／URL

本書執筆の際の参考文献／URLを以下に示します。

[1] 久保達彦、道井俊介、飯田祐基著「[詳解]nginx——設定の柔軟性と優れたスケーラビリティ」『WEB+DB PRESS Vol.72』、技術評論社、2012年

[2] 「nginx documentation」(http://nginx.org/en/docs/)

[3] 「ngx_lua」(https://github.com/openresty/lua-nginx-module/blob/master/README.markdown)

[4] 「OpenResty」(http://openresty.org/)

[5] 『サーバ／インフラエンジニア養成読本 ログ収集～可視化編——現場主導のデータ分析環境を構築！』、技術評論社、2014年

[6] 田中慎司著「LTSVでログ活用——拡張性の高いフォーマットで柔軟解析」『WEB+DB PRESS Vol.74』、技術評論社、2013年

ディレクティブ書式の見方

本書で登場するnginxのディレクティブ書式について解説します。記述方法はnginxのドキュメント[注1]に倣ったものです。

本書では、nginxのディレクティブ書式を次のように表記しています。

例：

構文	**root** ディレクトリパス;
デフォルト値	html
コンテキスト	http、server、location、location中のif
解説	サーバの公開ディレクトリを指定する

- **構文**………………… ディレクティブの構文
- **デフォルト値**……… ディレクティブを明示しない場合のデフォルト値（デフォルト値が存在しないディレクティブもあり）
- **コンテキスト**……… ディレクティブが利用可能なコンテキスト（コンテキストについては第3章を参照）
- **解説**………………… ディレクティブの用途

ディレクティブの書式にはいくつか特別な意味を持つ記号があります。

▌1つを選択

|はそれで区切られた各値の中から1つだけ選択可能であることを表します。

例：

構文	**log_not_found** on | off;

この例では、有効にする場合はonを指定します。

```
# ファイルが存在しない場合のエラー出力を有効にする
log_not_found on;
```

引数として指定できるのはonとoffのうち1つだけです。無効にする場

注1　http://nginx.org/en/docs/

合はoffを指定します。

```
# ファイルが存在しない場合のエラー出力を無効にする
log_not_found off;
```

▌省略可

[]は省略可能であることを表します。

> 例: **構文** user ユーザ名 [グループ];

この場合は[グループ]の部分を明示的に指定することはもちろん、

```
user nginx adm;
```

省略することも可能です。

```
user nginx;
```

▌可変引数

…は可変引数であることを表します。

> 例: **構文** server_name ホスト名 …;

この例では引数を1つだけ指定したり、

```
server_name example1.jp;
```

複数指定することも可能です。

```
server_name example1.jp example2.jp example3.jp;
```

nginx実践入門　**目次**

本書に寄せて..iii
はじめに..iv
謝辞..iv
各章の執筆者と初出一覧..v
参考文献／URL...v
ディレクティブ書式の見方..vi

第 1 章
nginxの概要とアーキテクチャ　　　1

1.1 nginxとは 2
nginxの特徴 3
nginxの用途 4
　　　COLUMN　そのほかのHTTPサーバ..5

1.2 nginxのアーキテクチャ 6
イベント駆動とは 6
HTTPサーバで発生するイベント 8
I/O処理の効率化 8
　　I/O Multiplexing...9
　　ノンブロッキングI/O..10
　　非同期I/O..10
nginxの実際の動作モデル 10

1.3 まとめ 11
　　　COLUMN　nginxのコミュニティ..12
　　　COLUMN　NGINX Plusとサポートサービス..13

第 2 章
インストールと起動　　　15

2.1 ソースコードからのインストール 16
ビルド環境の構築 16
ソースコードの入手 17
インストール 17
　　　COLUMN　Mainline版とStable版の違い..17
　　インストールしたnginxの情報を確認...18
　　ファイルパスの指定...18
　　依存ライブラリを静的に組み込む...19
　　PCREのJIT機能を利用するには..20
モジュールの組込み 20
サードパーティモジュールの組込み 23

2.2 パッケージからのインストール 24
Debian GNU/Linuxの場合 24

viii

目次

CentOSの場合		25
FreeBSDの場合		25

2.3 nginxの起動、終了、基本的な操作 25

nginxの起動 26
　nginxのプロセスが起動していることを確認 27
　80番ポートをbindしていることを確認 27

nginxの終了、設定の再読み込み 27
　nginxコマンドによる制御 27
　killコマンドによるシグナルの送信 28

システムサービスとして実行 28

2.4 まとめ 29

第3章
基本設定　　　　　　　　　　　　　　　　　　　　　31

3.1 設定ファイルの構成 32

設定ファイルのフォーマット 32

ディレクティブ 33
　シンプルなディレクティブ 33
　ブロック付きディレクティブとコンテキスト 34
　パラメータの書式 35

変数 36

設定のインクルード 38

3.2 HTTPサーバに関する設定 39

HTTPコンテキストの定義 40

バーチャルサーバの定義 40
　使用するアドレス、ポートの指定 41
　ホスト名の指定 43
　複数のバーチャルサーバの優先順位 43

公開するディレクトリを設定 44

MIMEタイプの指定 45

アクセスログの出力 46
　ログフォーマットの定義 46
　ログファイルの出力先 48

3.3 nginx本体の設定 48

エラーログの出力設定 49
　error_logディレクティブ 49
　バーチャルサーバ別のエラーログファイル指定 50
　log_not_foundディレクティブ 51

プロセスの動作に関する設定 51
　pidディレクティブ 51
　userディレクティブ 52
　worker_processesディレクティブ 52
　worker_rlimit_nofileディレクティブ 53
　eventsディレクティブ 53

ix

3.4 パフォーマンスに影響する設定 55

keepalive_timeoutディレクティブ 55

sendfileディレクティブ 56

tcp_nopushディレクティブ 56

open_file_cacheディレクティブ 57

worker_cpu_affinityディレクティブ 58

pcre_jitディレクティブ 59

3.5 まとめ 59

第4章
静的なWebサイトの構築   61

4.1 静的コンテンツの公開 62

配信するファイルの指定 63

locationディレクティブの優先順位 65

前方一致のディレクティブを複数書いた場合 65

前方一致を優先させる方法 65

locationディレクティブのネスト 67

特定の条件で使用するファイル 67

インデックスページの指定 68

インデックスページの自動生成 68

エラーページの指定 69

4.2 アクセス制限の設定 71

接続元IPアドレスによる制限 71

特定のアドレスを拒否——ブラックリスト方式 72

特定のアドレスを許可——ホワイトリスト方式 73

複雑なアクセス制限 73

Basic認証による制限 74

パスワードファイルの生成 74

大量リクエストの制限 75

同時コネクション数の制限 75

時間あたりリクエスト数の制限 77

nginxでは対応できないDoS攻撃 78

4.3 リクエストの書き換え 79

特定のステータスコード 79

エラーページの表示 80

リダイレクト 80

リクエストURIの書き換え 80

rewriteディレクティブへのフラグの指定 81

不必要なrewriteディレクティブ 83

ifディレクティブとsetディレクティブによる複雑な処理 83

ファイルの確認 85

複雑な条件分岐 85

リファラによる条件分岐 86

4.4 gzip圧縮転送 87

動的なgzip圧縮転送 88
　gzip_typesディレクティブ 88
　gzip_min_lengthディレクティブ 89
　gzip_disableディレクティブ 89
あらかじめ用意した圧縮ファイルを転送 90
　gzip圧縮転送が無効な場合の動的な解凍処理 91

4.5 まとめ 92

第5章

安全かつ高速なHTTPSサーバの構築　　　　93

5.1 なぜHTTPS通信が必要なのか 94

5.2 必要なモジュールと最低限の設定 95

TLSの有効化 95
TLS証明書と鍵ファイルの指定 95

5.3 安全なHTTPS通信を提供するために 97

OpenSSLのバージョンを確認 98
SSLv3を無効化 99
暗号化スイートを明示的に指定 100
　暗号化スイートリストの指定 100
　サーバの暗号化スイートの設定を優先 101
DHパラメータファイルを指定 102
SHA-2(SHA-256)サーバ証明書を利用 102

5.4 TTFBの最小化によるHTTPS通信の最適化 103

HTTP/2による通信の高速化 103
SPDYによる通信の高速化 105
TLSセッション再開による高速化 105
　セッションキャッシュの利用 106
　セッションチケットの利用 107
　セッションチケットを利用した状態でPFSの条件を満たすには 108
OCSPステープリングによる高速化 109
　OCSPステープリングの設定 110
　OCSP問い合わせ結果をサーバで検証 110
TLSセッション再開とOCSPステープリングの確認 111
セッションキャッシュを確認 112
バッファサイズの最適化 114

5.5 複数ドメインを1台のサーバで運用するには 114

SNIの使用 115
ワイルドカード証明書やSANオプションによる設定 115
証明書ごとに異なるIPアドレスの割り当て 117

5.6 まとめ 118

xi

COLUMN　HSTSを用いて常にHTTPS通信を使用するように指定する.... 120

第6章
Webアプリケーションサーバの構築　　121

6.1　リバースプロキシの構築 122
負荷分散のための役割 122
Webアプリケーションサーバにおけるリバースプロキシ 124
リバースプロキシの設定 125
プロキシ先の指定 126
リクエストボディに関する設定 127
　リクエストボディの最大サイズ 128
　リクエストボディのバッファリング 128
　一時ファイルの出力先 129
レスポンスのバッファリングに関する設定 129
　バッファサイズの指定 130
　一時ファイルの出力先の指定 132
　一時ファイルの最大サイズの指定 132
プロキシのタイムアウトに関する設定 133

6.2　Ruby on Railsアプリケーションサーバの構築 134
UnicornのRuby on Railsアプリケーションへの組込み 135
nginxの設定 136
　静的ファイルの配信 138
　Hostヘッダと送信元情報の付与 139
起動と動作確認 140

6.3　PHPアプリケーションサーバの構築 141
PHP-FPMの設定 141
nginxの設定 143
　すべてのページをindex.phpで処理 145
　COLUMN　WebSocketプロキシとしてのnginx 145

6.4　まとめ 146
　COLUMN　rewriteとtry_filesディレクティブの挙動 147

第7章
大規模コンテンツ配信サーバの構築　　149

7.1　大量のコンテンツを配信するには 150
問題点と対策のポイント 150
　ディスクI/O 151
　ネットワーク 151
問題となる負荷の特定 152
負荷削減へのアプローチ 153

7.2　大規模コンテンツ配信のスケールアウト 153

xii

キャッシュ		154
CDNによるキャッシュ		155
キャッシュ対象による有効性の違い		156
ロードバランス		157
L4ロードバランサ		158
L7ロードバランサ		160
DNSラウンドロビンによるロードバランス		160

7.3 nginxによるコンテンツキャッシュ ... 161

保存先の指定		162
キーゾーンのサイズ指定		163
ディレクトリ階層の指定		164
キャッシュ容量の指定		164
キャッシュマネージャの制御		165
有効期限の指定		166
キーゾーンごとに有効期限を指定		166
レスポンスヘッダに有効期限を指定		166
ステータスコードごとに有効期限を指定		167
キャッシュ条件の指定		168
一時ファイルの保存先指定		169
キャッシュ更新負荷の削減		170

7.4 オリジンサーバの構築 ... 171

オリジンサーバに必要な機能		171
レスポンスヘッダの追加		172
ExpiresとCache-Controlヘッダの追加		173
指定するヘッダによる違い		174
プライベートな情報をキャッシュさせないように注意		175
条件付きリクエストの利用		175
Last-Modifiedヘッダフィールド		177
ETagヘッダフィールド		177
画像サムネイルの作成		178
ngx_http_image_filter_moduleの組込み		178
画像の縮小とクロップ		178
バッファサイズの指定		179
WebDAVによるアップロード		180
ngx_http_dav_moduleの組込み		180
WebDAVサーバの設定		180
使用できるメソッドの指定		181
WebDAVの動作確認		182

7.5 ロードバランサの構築 ... 183

アップストリームサーバの指定		183
リクエストの振り分け方法の指定		185
コネクション数による振り分け		185
クライアントのIPアドレスによる振り分け		185
指定したキーによる振り分け		186
アップストリームサーバへのTCPコネクションを保持		187
アップストリームのタイムアウトとエラー処理		188

7.6 キャッシュとロードバランスを利用した
コンテンツ配信 190
キャッシュサーバのスケーリング 193
ネットワーク負荷の削減 193

7.7 まとめ 194
COLUMN サーバのレスポンスを確認する 195

第**8**章
Webサーバの運用とメトリクスモニタリング 197

8.1 nginxのステータスモニタリング 198
エンドポイントの指定 199
取得できる統計情報 199
Muninによるモニタリング 200

8.2 アクセスログの記録 202
記録する項目 202
リクエストをトレースするために記録する項目 202
プロキシサーバで記録する項目 203
フォーマットの選択 203
Apache Combined Log 204
TSV 205
LTSV 205

8.3 Fluentdによるログ収集 206
ログファイルの入力 207
ファイルパスとポジションファイルの指定 208
ログフォーマットの指定 208
LTSVフォーマットの入力 209
TSV、CSVフォーマットの入力 209
nginx標準フォーマットの入力 210
ログの転送 210
バッファの設定 211
転送先サーバの設定 211

8.4 Fluentd、Norikra、GrowthForecastによる
メトリクスモニタリング 212
Fluentdの設定 212
Norikra 213
Norikraへイベントを出力 214
Norikraから集計結果を入力 214
GrowthForecastへの出力 214
Norikraにクエリを登録 215

8.5 ログファイルのローテーション 217
ローテーション間隔の指定 218

xiv

目次

ログファイルの圧縮	219
ログファイルの再オープン	219

8.6 無停止でのアップグレード 220

ロードバランサ、DNSを利用したローリングアップグレード 220
シグナルによるオンザフライアップグレード 221
アップグレードの詳細 221
    構文チェックの実行 222
    ❶新しいバイナリを起動 222
    ❷古いワーカプロセスを終了 223
    ❸古いマスタプロセスを終了 223
    アップグレードの切り戻し 223

8.7 まとめ 224

第9章
Luaによるnginxの拡張——Embed Lua into nginx   225

9.1 ngx_lua 226

LuaとLuaJIT 226
環境の準備 227
    Lua、LuaJITのインストール 227
    ngx_luaをnginxに組み込む 227

9.2 nginxをLuaで拡張 228

nginxの各リクエスト処理フェーズとLuaが実行されるタイミング 229
    rewriteフェーズ 230
    accessフェーズ 231
    contentフェーズ 232
    logフェーズ 233
    初期化フェーズ 234
    その他のフェーズ 235
Luaの実行環境を設定 237

9.3 ngx_lua APIプログラミング 239

Hello, World! 239
HTTPステータスの設定 241
ロギング 242
リダイレクト 243
URIのリライト 245

9.4 nginxの内部変数の参照 246

代入不可能な変数(定数)がある 247
既存の変数に対してだけ代入可能 248
代入できるのは文字列と数値とnilのみ 248

9.5 HTTPリクエストやレスポンスの操作／参照 249

ヘッダの操作／参照 249

xv

クエリパラメータの操作／参照	251
POSTパラメータの参照	252

9.6 正規表現 254
ngx.reで利用可能な修飾子 255

9.7 データの共有 256
ngx.ctx 256
ngx.shared.ゾーン名 257

9.8 サブリクエストをノンブロッキングで処理 260

9.9 実践的なサンプル 261

9.10 まとめ 263
COLUMN PCREのJIT機能が有効かチェックする 264

第10章
OpenResty——nginxベースのWebアプリケーションフレームワーク　265

10.1 OpenRestyの導入 266
OpenRestyを利用するメリット 267
OpenRestyのダウンロード 268
OpenRestyのインストール 268
付属モジュールの組込み／取り外し 268
OpenRestyにバンドルされているnginxのビルドオプションを指定 269

10.2 OpenRestyにバンドルされているLuaモジュール 269
resty-cli 269
lua-cjson 270
lua-resty-core 271
lua-resty-string 272
lua-resty-memcached 272
lua-resty-redis 273
lua-resty-mysql 274

10.3 memcached、Redis、MySQLへの
接続のクローズとキープアライブ 277

10.4 まとめ 278
COLUMN OpenRestyやngx_luaを利用したアプリケーションのテスト 278

索引 280

著者紹介 287

xvi

第**1**章

nginxの概要とアーキテクチャ

第 **1** 章　nginxの概要とアーキテクチャ

nginxは、近年急速にユーザ数を伸ばしているオープンソースのHTTP
サーバです。本章では、nginxの特徴とアーキテクチャについて解説しま
す。

1.1

nginxとは

nginxは軽量で高いスケーラビリティを誇るオープンソース[注1]のHTTP
サーバです。「えんじんえっくす」と読みます。2002年にカザフスタン出身
のエンジニアであるIgor Sysoev氏によって開発がスタートし、現在は氏
がCTOを務めるNGINX, Inc.によって開発が進められています。

nginxはHTTPサーバとしては比較的後発ですが、近年急速にユーザ数
を伸ばし、現在そのシェアはNetcraftの調査結果によるとApache HTTP
Server[注2]、IIS(*Internet Information Services*)に継ぐ規模で、全世界のWeb
サイトの十数%を占めるまでになっています[注3]。またこの調査結果では、大
規模Webサービスにおいてnginxのシェアが高い傾向にあることがわかり
ます。これはnginxがC10K問題を解決するために開発されたことと無関
係ではないでしょう。

C10K問題とは、1台のサーバが1万ものクライアント(10K Clients)か
らの接続を同時に処理しようとするとサーバの処理が追いつかなくなる、
というスケーラビリティの問題です(**図1.1**)。nginxは、後述するイベント
駆動やI/O Multiplexing、ノンブロッキングI/O、非同期I/Oといったテク
ニックを組み合わせることでC10K問題に耐えられる強固なアーキテクチ
ャを実現しています。

注1　nginxのソースコードは2条項BSDライセンスをベースにしたライセンスで公開されており、誰で
　　　も無償で利用できます。このライセンスは、ソースコードやビルドしてできたバイナリの再利用や
　　　再配布に関する条件が非常に緩いという特徴があります。

注2　http://www.apache.org/

注3　http://news.netcraft.com/archives/2015/09/16/september-2015-web-server-survey.html

図1.1 C10K問題

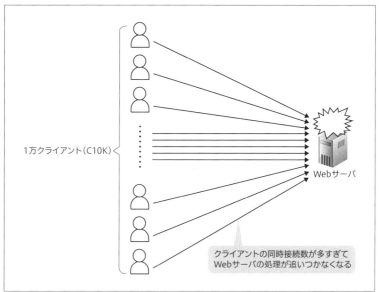

nginxの特徴

nginxはHTTPサーバとしての基本的な機能はもちろん、次のような実用的な機能を備えています。

- アクセス制御
- URI Rewrite
- gzip圧縮
- リバースプロキシ
- L7ロードバランス
- コンテンツキャッシュ
- SSLターミネーション、HTTP/2ゲートウェイ
- L4(TCP)ロードバランス[注4]
- メールプロキシ

注4　L4(TCP)ロードバランスとメールプロキシは、ページ数の都合上本書では解説しません。同様に、これらに関するディレクティブについては説明を省略しています。

これらの機能の多くは、そのほかのHTTPサーバでも利用することは可能ですが、nginxの最大の特徴は何と言ってもその優れたスケーラビリティです。preforkモデルのApacheのような従来のHTTPサーバと比べて、非常に少ないリソースで大量の接続を同時に処理できます。

また、nginxの各機能はモジュールとして実装されており、ソースコードも個々のモジュールを組み合わせた構成になっています。そのため、ApacheのDSO（*Dynamic Shared Object*）とは異なり動的に組み込むことはできませんが、追加するモジュールのソースコードに直接手を入れることなく機能を追加できます。実際に多くのサードパーティモジュールがオープンソースとして開発・公開されています。

nginxの用途

nginxの用途としてまず最初に挙げられるのが、テキストや画像といった静的なコンテンツの配信です[注5]。これはHTTPサーバが行う最も基本的なタスクであると同時に、nginxが非常に得意とするタスクです（**図1.2**）。

図1.2　クライアントからリクエストされた静的コンテンツを配信

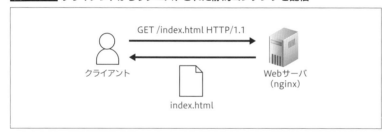

次によく見られるユースケースとしては、StarmanやUnicornのようなWebアプリケーションサーバの前にnginxを配置して、リバースプロキシとして動作させるというものがあります（**図1.3**）。こうすることで、Webアプリケーションサーバを運用するために足りない機能をnginxで補うことができます[注6]。

注5　第4章で詳しく解説しています。
注6　第6章で詳しく解説しています。

COLUMN

そのほかのHTTPサーバ

nginx以外の著名なオープンソースのHTTPサーバについて解説します。

Apache HTTP Server

Apache HTTP Server（以下Apache）は、世界で最も利用されているオープンソースのHTTPサーバです。ASF（*Apache Software Foundation*）によって開発が進められています。

nginxの動作モデルはイベント駆動のみですが、ApacheはMPM（*Multi Processing Module*）というしくみにより、複数の動作モデル（prefork、worker、eventなど）をサポートしています。中でもevent MPM[注a]は、設定のチューニングしだいではnginxに匹敵するパフォーマンスを発揮します。

また、nginxが拡張モジュールをnginx本体のビルド時にしか組み込むことができないのに対し、Apacheは拡張モジュール単体でビルドして組み込むことができます[注b]。

Varnish Cache

Varnish Cache[注c]（以下Varnish）は高機能なHTTPアクセラレータ（あるいはキャッシュ付きリバースプロキシ）です。Varnish Softwareが中心となって開発が進められています。

Varnishでは設定ファイルをVCL（*Varnish Configuration Language*）というDSL（*Domain Specific Language*、ドメイン特化言語）で記述します。nginxやApacheも設定ファイルをDSLで記述するという点では同じですが、なんとVarnishはVCLで書かれた設定ファイルをC言語に変換し、共有ライブラリとしてビルドします。そして最終的にビルドされた共有ライブラリをVarnishのプログラムがロードするというしくみです。nginxやApacheだと設定ファイル自体の内容を解釈してC言語の変数や構造体のメンバに落とし込むのに対し、Varnishだと設定ファイル自体がC言語のコードに変換されて動作するというのが特徴的です。

注a　2012年にリリースされたApache 2.4ではevent MPMがexperimental（実験的バージョン）ではなくなり、動作環境によってはデフォルトのMPMになっています。

注b　nginxの開発元であるNGINX, Inc.は、将来的な拡張モジュールの動的組込みを可能するための取り組みについて言及しています。
　　　http://nginx.com/blog/nginx-open-source-reflecting-back-and-looking-ahead/

注c　https://www.varnish-cache.org/

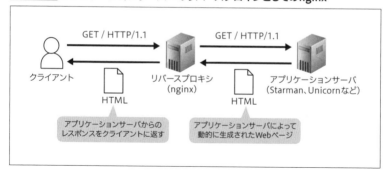

図1.3 アプリケーションサーバへのリバースプロキシとしてのnginx

nginxはそのほかにも、HTTPS終端処理、大規模なコンテンツ配信やコンテンツストレージといったさまざまな用途に活用できます。本書ではそういったnginxの実践的な使用方法の解説を交えながら、nginxの持つ各機能について説明していきます。

1.2 nginxのアーキテクチャ

続いて、nginxのアーキテクチャとその構成要素について解説していきます。

イベント駆動とは

通常のプログラムは上から書かれた順に実行されますが(**図1.4**)、イベント駆動で動作するプログラムは何かしらのイベントが発生するまで待機し、発生したイベントの種類に応じて定められた手順を実行します。epoll、inotify、sigactionといったシステムコールやlibevent[7]、libuv[8]といったイベント駆動処理をサポートしているライブラリを利用することで、特定のイベント発生時に実行する関数を指定できます。また、このような関数

注7 http://libevent.org/
注8 http://libuv.org/

をコールバック関数と呼びます。

図1.4 通常のプログラム（上から書かれた順に実行される）

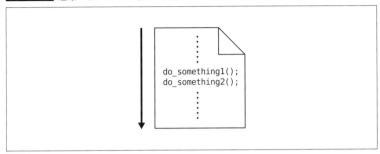

これはスタンドアローンのGUIアプリケーションやJavaScriptを多用したインタラクティブなWebアプリケーションを思い浮かべるとわかりやすいでしょう（**図1.5**）。これらのアプリケーションではユーザがボタンをクリックしたり、画面内の特定の領域にマウスカーソルをフォーカスすることで各イベントに対応したコールバック関数が実行され、実行が完了するとイベント待機状態に戻ります。

図1.5 イベント駆動プログラム
（各イベントに対応したコールバック関数が実行される）

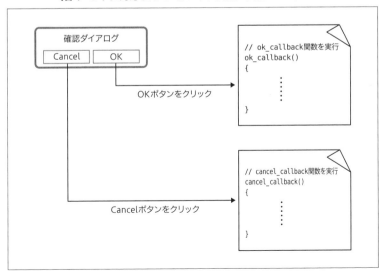

第 **1** 章　nginxの概要とアーキテクチャ

それではイベント駆動で動作するHTTPサーバとはどういったものなのでしょうか。

HTTPサーバで発生するイベント

先ほどイベント駆動で動作するプログラムは、何かしらのイベントが発生するまで待機するという話をしました。HTTPサーバで発生する（プログラムに通知される）イベントには、たとえば次のものが挙げられます。

- クライアントからの接続要求（accept）
- クライアントとの通信用ディスクリプタ[注9] が読み込み可能になる（read）
- クライアントとの通信用ディスクリプタが書き込み可能になる（write）

イベント駆動型HTTPサーバでは、複数クライアントのディスクリプタとの入出力を、発生したイベントごとに並行して行います（**図1.6**）。

I/O処理の効率化

preforkモデルのApacheでは、クライアントの接続要求から始まる一連の処理を各プロセスで1接続ずつ処理します。そのため大量の接続を同時に処理するにはそのぶんだけプロセス（またはスレッド）を起動しなければなりません。これでも複数の接続を並行して処理することはできますが、あまり大量のプロセスを起動するとプロセス間コンテキストスイッチのオーバーヘッドが大きくなって性能が劣化します。これがC10K問題の本質です。

イベント駆動型HTTPサーバは、その性質上非常に少ないプロセス数で大量の同時接続を処理できるので、プロセス間コンテキストスイッチのオーバーヘッドは小さくなります。しかし、イベント駆動型HTTPサーバで発生するイベントにはプログラムがブロックされる可能性のあるI/Oが絡むので、I/Oをノンブロッキングあるいは非同期で行うといった工夫が必要になります。

注9　プログラムが利用するファイルやソケットのための識別子のことです。

図1.6 イベント駆動型HTTPサーバ

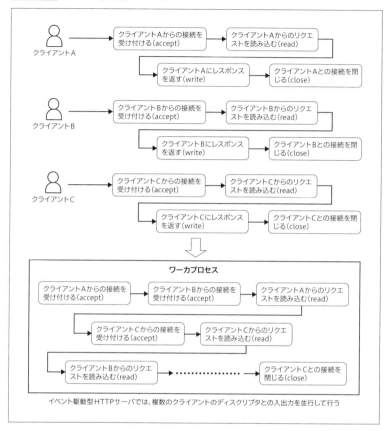

I/O Multiplexing

I/O Multiplexingは複数のファイルディスクリプタを監視し、それらのうちどれかが入出力可能になるまでプログラムを待機させる手法です。これにより複数のクライアントのディスクリプタとの入出力を並行して行うことができます。一般的にはOSが提供しているselectやepoll、kqueueといったI/O Multiplexingのためのシステムコールを利用して実現します[注10]。

注10　epollはLinux、kqueueはBSD固有のシステムコールです。

第 1 章　nginxの概要とアーキテクチャ

■ ノンブロッキングI/O

　通常、プログラム中で実行されるファイルディスクリプタへの入出力処理では、I/O関連のシステムコール[注11]がその処理を完了するまでプログラムをブロックします。これをブロッキングI/Oと呼びます。

　これに対してノンブロッキングI/Oを有効にしたファイルディスクリプタへの入出力処理では、I/O関連のシステムコールによってプログラムがブロックされる見込みの場合やまだ処理できるデータがない場合は即座にエラーを返し、適切なerrno[注12]がセットされます。すぐに処理できないディスクリプタとの入出力処理は中断して別のディスクリプタとの入出力処理に移ることでプログラムの並行性を高めることができます。

■ 非同期I/O

　非同期I/Oは入出力処理が開始されてもプログラムをブロックせず、入出力処理とそれ以外の処理を並行して実行するためのしくみです。

　ノンブロッキングI/Oとは異なり、一般に非同期I/Oでは先に実行した入出力のエラーや完了をプログラムに通知するためのインタフェースが提供されています。このインタフェースを利用することで入出力処理でプログラムをブロックせず、それ以外の処理を並行して実行することでプログラムの並行性を高めることができます。

nginxの実際の動作モデル

　イベント駆動型HTTPサーバの動作原理について解説したので、次はnginxの実際の動作モデルについて簡単に説明します。nginxはマスタプロセスとワーカプロセスのマルチプロセス構成[注13]で稼働します。マスタプロセスは1つですが、ワーカプロセスは設定することで複数起動可能です。

　各ワーカプロセスはクライアントからの接続要求に始まる一連の処理をイベント駆動で実行します。ワーカプロセスは通常シングルスレッドで動作しますが、I/O MultiplexingやノンブロッキングI/Oを利用することで複数のクライアントとの入出力を並行して行うことを可能にしています。

注11　read、writeなどです。

注12　EWOULDBLOCK、EAGAINなどです。

注13　設定によってはキャッシュマネージャプロセスが起動することもありますが、ここでは割愛します。

10

さらにワーカプロセス自体は複数起動可能なので容易にスケールさせることができます。

一方マスタプロセスの主な仕事は、ワーカプロセスの制御と管理です。通常nginxを終了あるいは再起動したり、設定ファイルを再読み込みして変更を反映するといったタスクは、マスタプロセスに対して特定のシグナルを送る形で行います。マスタプロセスはワーカプロセスのPIDを保持しているので、マスタプロセスに対してシグナルを通して命令するだけでnginx全体のプロセスを制御できるというわけです。たとえばマスタプロセスに対してTERMシグナルを送ると、マスタプロセスは各ワーカプロセスにTERMシグナルを送って終了させたあと、マスタプロセス自身も即座に終了します(**図1.7**)。

図1.7 マスタプロセスにシグナルを送ることでnginx全体のプロセスを制御する

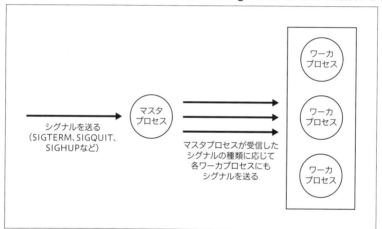

1.3
まとめ

本章では、nginxの大まかな特徴や用途、アーキテクチャについて解説しました。特にイベント駆動やノンブロッキングI/Oといった技術はnginxのスケーラビリティや動作原理を理解するうえで欠かせないものなので押

さえておくとよいでしょう。次章からはnginxのインストールや起動方法
について紹介していきます。

C O L U M N

nginxのコミュニティ

nginxについてわからないことや疑問に思っていることがあったら、公式
のメーリングリスト[注a]やフォーラム[注b]に参加しましょう。メーリングリスト
には大きく分けて3種類あります（**表a**）。

表a nginxの主な公式メーリングリスト

メールアドレス	解説
nginx@nginx.org	ユーザ向けメーリングリスト
nginx-devel@nginx.org	開発者向けメーリングリスト
nginx-announce@nginx.org	アップデートやセキュリティ関連のアナウンス

nginx@nginx.orgは主にnginxのユーザどうしでnginxの何かしらの設定
や動作についての質問や意見が投稿される場ですが、場合によってはnginx
の開発者自身が答えてくれることもあります。これに対してnginx-devel@
nginx.orgはnginxの開発に関連した議論のスレッドやコミットログ、パッ
チが投稿される場です。間違ってnginx@nginx.orgに投稿するような内容
（nginxの動作に関する質問など）をnginx-devel@nginx.orgに投稿しないよ
うに注意しましょう。nginx-announce@nginx.orgはアナウンス専用のメーリ
ングリストで、nginxの最新バージョンのリリースやセキュリティアドバイ
ザリのアナウンスのみが投稿されます。

....

注a http://mailman.nginx.org/mailman/listinfo
注b http://forum.nginx.org/

COLUMN

NGINX Plusとサポートサービス

OSS版のnginxよりもさらに高機能な商用版のNGINX Plusについて紹介します。

NGINX Plus

NGINX Plusはnginxの開発元であるNGINX, Inc.が提供しているnginxの商用版ソフトウェアです。オープンソースとして開発・公開されているnginxには含まれていない機能が数多く含まれています。次はその一例です。

- アップストリームのパラメータ変更やノードの追加・削除をオンラインで行うためのHTTPインタフェース
- JSON (*JavaScript Object Notation*) ／JSONP (*JSON with padding*) によるステータスの取得
- より高度なヘルスチェック
- ストリーミング機能の強化

NGINX Plusはバイナリの提供以外に、AWS (*Amazon Web Services*) のAWS Marketplaceでも提供されています。AWS Marketplaceで提供されているAMIを用いることで、時間単位の課金でNGINX Plusを利用できます。

サポートサービス

このように高機能なNGINX Plusですが、合わせてnginxの開発チームによるテクニカルサポートが付属します。日本国内だとサイオステクノロジーがNGINX, Inc.と提携してNGINX Plusの国内販売を行っているほか、日本語によるテクニカルサポートを行っています。

第**2**章

インストールと起動

第 **2** 章　インストールと起動

　本章ではnginxのビルドやインストールの方法、そして実際にnginxを起動するところまで説明します。

　nginxをインストールする方法はいくつかありますが、ここでは公式Webサイトで配布されているソースコードをダウンロードしてビルドする方法と、各OSのディストリビューション向けに提供されているビルド済みパッケージを利用する方法について解説します。

2.1

ソースコードからのインストール

　本書執筆時点ではnginxはApacheと異なり拡張モジュールを動的に組み込むしくみを提供していないので、サードパーティ製のモジュールやデフォルトで有効にならないモジュールを利用するにはnginxと一緒にビルドして組み込む必要があります。そのため、nginxを本格的に(たとえばプロダクション環境で)利用したい方はソースコードからビルドすることをお勧めします。必要最低限の機能や、ビルド済みパッケージのモジュールで十分な場合は、ビルド済みパッケージを使用してもよいでしょう。

ビルド環境の構築

　nginxをビルドするには、CコンパイラとMakeユーティリティ、その他利用したい機能に応じて必要なライブラリをインストールする必要があります(**表2.1**)。これらのライブラリは正規表現、gzip圧縮、SSL(*Secure Socket Layer*)/TLS(*Transport Layer Security*)など利用頻度が高い機能を利用するのに必要なので、あらかじめインストールしておくとよいでしょう。

表2.1　　　**nginxのビルドに必要なライブラリ**

名前	用途	URL	最新バージョン
PCRE	正規表現処理	http://www.pcre.org/	8.37
zlib	gzip圧縮	http://www.zlib.net/	1.2.8
OpenSSL	SSL/TLS	https://www.openssl.org/	1.0.2d

ソースコードからのインストール **2.1**

ソースコードの入手

nginxのソースコードは、公式Webサイトのダウンロードページからダウンロードできます。

http://nginx.org/en/download.html

nginxはMainline版とStable版の2種類があります。通常は最新のMainline版を利用することが推奨されているので、特に理由がなければ最新のMainline版を利用するのがよいでしょう[注1]。

インストール

ダウンロードしたソースコードを展開後、./configure、make、make installの順に実行します。

注1　nginxのMainline版とStable版の違いについてはコラム「Mainline版とStable版の違い」を参照してください。

C O L U M N
Mainline版とStable版の違い

nginxのMainline版とStable版はともに十分安定しており、どちらを利用する場合でも問題になることはあまりありません。ではMainline版とStable版の違いとはいったい何なのでしょうか？

違いはその開発方針にあります。nginxの新機能の追加やバグ修正といった変更はまずMainline版に対して行われ、のちにStable版にバックポートされます。新機能がどんどん追加されていく関係上、Mainline版にはAPIの互換性が崩れる変更が入ることがあり、サードパーティモジュールが突然ビルドできなくなることがあります。一方Mainline版からStable版にバックポートされる変更は原則深刻なバグや脆弱性の修正に限られるので、Stable版ではAPIの互換性は保たれます。Stable版はAPIの互換性維持を重視しているため、重大な脆弱性の修正以外は行われません。そのため、Stable版を利用する理由がなければMainline版を利用することが推奨されています。

17

第**2**章　インストールと起動

```
$ tar xvf nginx-1.9.5.tar.gz
$ cd nginx-1.9.5
$ ./configure --prefix=/usr/local/nginx
$ make
$ sudo make install
```

　インストール自体はこれで完了しますが、実際にはconfigureスクリプトにさまざまな引数を与えることでビルド時のオプションを細かく指定します。

　また、引数を省略して./configureを実行するには、PCREとzlibがインストールされている必要があります[注2]。

　インストールしたnginxを実行するにはnginxコマンドを利用します。今回の場合は/usr/local/nginx/sbinディレクトリにインストールされているので、利用しやすいようにPATH環境変数にこのディレクトリを追加します。nginxコマンドはsbinディレクトリにインストールされるため、通常PATH環境変数には追加されていません。インストールしたディレクトリがPATH環境変数に追加されているか確認しましょう。

```
$ export PATH=/usr/local/nginx/sbin:$PATH
```

■ インストールしたnginxの情報を確認

　nginxを-Vオプションを付けて実行すると、インストールしたnginxのバージョンやビルドに利用したコンパイラのバージョン、configureスクリプトに指定したオプションの一覧などが確認できます。

```
$ nginx -V
nginx version: nginx/1.9.5
built by clang 6.1.0 (clang-602.0.53) (based on LLVM 3.6.0svn)
configure arguments: --prefix=/usr/local/nginx
```

■ ファイルパスの指定

　nginxがインストールされるディレクトリは--prefixオプションで指定します。デフォルトでは/usr/local/nginxです。実行ファイルや設定ファイルはすべてこのディレクトリ内にインストールされますが、それぞれ個別に設定することもできます(**表2.2**)。

注2　PCREとzlibをインストールせずにnginxをビルドするには--without-http_rewrite_moduleと
　　--without-http_gzip_moduleオプションが必要です。

18

ソースコードからのインストール 2.1

表2.2 各種ファイルパスの指定（括弧内はデフォルトの設定値）

引数	解説
--prefix={/usr/local/nginx}	nginxをインストールするディレクトリ
--sbin-path={$prefix/sbin/nginx}	nginxの実行ファイルがインストールされるパス
--conf-path={$prefix/nginx.conf}	nginxの設定ファイルであるnginx.confのパス
--error-log-path={$prefix/logs/error.log}	エラーログファイルのパス
--pid-path={$prefix/logs/nginx.pid}	PIDファイルのパス
--lock-path={$prefix/logs/nginx.lock}	lockファイルのパス
--http-log-path={$prefix/logs/access.log}	アクセスログのパス
--http-client-body-temp-path={client_body_temp}	リクエストボディの一時ファイルを出力するパス
--http-proxy-temp-path={proxy_temp}	プロキシするデータの一時ファイルを出力するパス
--http-fastcgi-temp-path={fastcgi_temp}	FastCGI[1]の一時ファイルを出力するパス
--http-uwsgi-temp-path={uwsgi_temp}	uWSGI[2]の一時ファイルを出力するパス
--http-scgi-temp-path={scgi_temp}	SCGI[3]の一時ファイルを出力するパス

※1　サーバ上でプログラムを実行するためのインタフェースを定めた仕様の一つです。
※2　http://uwsgi-docs.readthedocs.org/en/latest/
※3　Simple Common Gateway Interface

依存ライブラリを静的に組み込む

nginxにPCREやzlib、OpenSSLなどの依存ライブラリを組み込む方法には、次の2種類があります。

- あらかじめインストールされているライブラリのパスをシステムから検索して見つかった場合にそのライブラリを動的リンクする方法
- nginxと一緒にビルドして静的リンクする方法

依存ライブラリを動的リンクする場合は、システムにインストールされているものを利用するのでバージョンの更新作業が簡単に行えるメリットがあります。一方でシステムにインストールされている依存ライブラリのバージョンが古い場合もあるので、なるべく最新のバージョンを利用したい場合は**表2.3**のオプションを与えて静的リンクでnginxと一緒にビルドするのがよいでしょう。

第 **2** 章　インストールと起動

```
$ ./configure \
  --prefix=/usr/local \
  --with-pcre=PCREのソースコードディレクトリへのパス \
  --with-zlib=zlibのソースコードディレクトリへのパス \
  --with-openssl=OpenSSLのソースコードディレクトリへのパス \
  --with-http_ssl-module
$ make
$ sudo make install
```

表2.3　依存ライブラリを静的に組み込むためのオプション（DIRは各種ライブラリのソースコードへのパス）

ライブラリ名	オプション名
PCRE	--with-pcre=DIR
zlib	--with-zlib=DIR
OpenSSL※	--with-openssl=DIR

※OpenSSLを組み込むには、合わせて--with-http_ssl-moduleも指定する必要があります。

▌PCREのJIT機能を利用するには

　PCREのバージョンが8.20以上であれば、nginxで正規表現のJIT[注3]機能を利用できます。この機能を有効にする方法は、PCREをnginxに静的リンクするか動的リンクするかで異なるので注意が必要です。

　PCREをnginxに静的リンクする場合は--with-pcre=DIRと--with-pcre-jitを同時に指定することでPCREのJIT機能を利用するための準備が整います。また、すでにインストールされているPCREをnginxに動的リンクする場合は、そのPCREが--enable-jitオプションを付加してビルドされている必要があります。

モジュールの組込み

　nginxの機能はすべてモジュール構造になっています。**表2.4**はデフォルトで組み込まれるHTTPモジュールの一覧です。それ以外のHTTPモジュール（**表2.5**）が必要な場合は、明示的に組み込むためのオプションを指定する必要があります。デフォルトで組み込まれるHTTPモジュールを無効にするには--without-http_モジュール名-moduleを、デフォルトで組み込

注3　Just In Timeの略で、実行時コンパイル機能のことです。

ソースコードからのインストール **2.1**

表2.4 ■ デフォルトで組み込まれるHTTPモジュール

モジュール名	解説	無効にするためのオプション
ngx_http_charset_module	Content-Typeヘッダへの文字コードの埋め込み	--without-http_charset_module
ngx_http_gzip_module	gzip圧縮	--without-http_gzip_module
ngx_http_ssi_module	SSI（*Server Side Includes*）を実行	--without-http_ssi_module
ngx_http_userid_module	Cookieによるトラッキング	--without-http_userid_module
ngx_http_access_module	アクセス制御	--without-http_access_module
ngx_http_auth_basic_module	ベーシック認証	--without-http_auth_basic_module
ngx_http_autoindex_module	ディレクトリのファイルリストを生成	--without-http_autoindex_module
ngx_http_geo_module	IPアドレスをベースにした変数を生成	--without-http_geo_module
ngx_http_map_module	変数による擬似的なハッシュテーブルを生成	--without-http_map_module
ngx_http_split_clients_module	A/Bテスト	--without-http_split_clients_module
ngx_http_referer_module	リファラによるアクセス制御	--without-http_referer_module
ngx_http_rewrite_module	URIのrewrite	--without-http_rewrite_module
ngx_http_proxy_module	リクエストをプロキシ	--without-http_proxy_module
ngx_http_fastcgi_module	FastCGIプロキシ	--without-http_fastcgi_module
ngx_http_uwsgi_module	uWSGIプロキシ	--without-http_uwsgi_module
ngx_http_scgi_module	SCGIプロキシ	--without-http_scgi_module
ngx_http_memcached_module	memcachedプロキシ	--without-http_memcached_module
ngx_http_limit_req_module	1クライアントあたりの秒間リクエスト数を制限	--without-http_limit_req_module
ngx_http_limit_conn_module	クライアントの接続数を制限	--without-http_limit_conn_module
ngx_http_empty_gif_module	1ピクセルの透過GIF画像を生成	--without-http_empty_gif_module
ngx_http_browser_module	ユーザエージェントをベースにした変数を生成	--without-http_browser_module
ngx_http_upstream_hash_module	変数の値をベースにしたロードバランス	--without-http_upstream_hash_module
ngx_http_upstream_ip_hash_module	IPアドレスをベースにしたロードバランス	--without-http_upstream_ip_hash_module
ngx_http_upstream_least_conn_module	ロードバランスアルゴリズム（least connection）の追加	--without-http_upstream_least_conn_module
ngx_http_upstream_keepalive_module	アップストリームサーバへの常時接続（keep-alive）	--without-http_upstream_keepalive_module
ngx_http_upstream_zone_module	アップストリームサーバのデータをワーカプロセス間で共有	--without-http_upstream_zone_module

21

第 **2** 章　インストールと起動

表2.5 必要な場合は明示的に組み込む必要があるHTTPモジュール

モジュール名	解説	有効にするためのオプション
ngx_http_ssl_module	SSLのサポート	--with-http_ssl_module
ngx_http_spdy_module[※1]	SPDYのサポート	--with-http_spdy_module
ngx_http_v2_module[※2]	HTTP/2のサポート	--with-http_v2_module
ngx_http_realip_module	リクエスト元IPアドレスを利用	--with-http_realip_module
ngx_http_addition_module	レスポンスの前後にテキストを挿入	--with-http_addition_module
ngx_http_xslt_module	XSLT（*XSL Transformations*）スタイルシートによるXMLの変換	--with-http_xslt_module
ngx_http_image_filter_module	GDによる画像処理	--with-http_image_filter_module
ngx_http_geoip_module	国や地域ごとのIPアドレスをベースにした変数を生成	--with-http_geoip_module
ngx_http_sub_module	レスポンスの置換	--with-http_sub_module
ngx_http_dav_module	WebDAVのサポート	--with-http_dav_module
ngx_http_flv_module	FLVの擬似ストリーミング	--with-http_flv_module
ngx_http_mp4_module	MP4の擬似ストリーミング	--with-http_mp4_module
ngx_http_gunzip_module	gzip圧縮されたコンテンツを解凍	--with-http_gunzip_module
ngx_http_gzip_static_module	事前にgzip圧縮したコンテンツを配信	--with-http_gzip_static_module
ngx_http_auth_request_module	サブリクエストによるクライアント認証	--with-http_auth_request_module
ngx_http_random_index_module	ドキュメントルートからインデックスファイルをランダムに選択	--with-http_random_index_module
ngx_http_secure_link_module	リクエストされたリンクの信頼性をチェック	--with-http_secure_link_module
ngx_http_stub_status_module	サーバのステータスをHTTPレスポンスで出力	--with-http_stub_status_module
ngx_http_perl_module	Perlによるnginxの拡張	--with-http_perl_module

※1　nginx-1.9.5以降は利用できません。
※2　nginx-1.9.5以降で利用可能です。

まれないHTTPモジュールを有効にするには`--with-http_`モジュール名`-module`を指定します。

　また、nginxにはhttpモジュールのほかにstreamという系統のモジュールもあります。これはHTTPではなくTCPのレイヤでリクエストをプロキシするためのモジュールです（**表2.6**、**表2.7**）。stream系のモジュールを利用するには各モジュールごとのオプションとは別に`--with-stream`を指定する必要があります。

22

ソースコードからのインストール **2.1**

表2.6 デフォルトで組み込まれるstreamモジュール

モジュール名	解説	無効にするためのオプション
ngx_stream_limit_conn_module	クライアントの接続数を制限	--without-stream_limit_conn_mdule
ngx_stream_access_module	アクセス制御	--without-stream_access_mdule
ngx_stream_upstream_hash_module	変数の値をベースにしたロードバランス	--without-stream_upstream_hash_mdule
ngx_stream_upstream_least_conn_module	ロードバランスアルゴリズム(least connection)の追加	--without-stream_upstream_least_conn_mdule
ngx_stream_upstream_zone_module	アップストリームサーバのデータをワーカプロセス間で共有	--without-stream_upstream_zone_mdule

表2.7 必要な場合は明示的に組み込む必要があるstreamモジュール

モジュール名	解説	有効にするためのオプション
ngx_stream_ssl_module	SSLのサポート	--with-stream_ssl_module

サードパーティモジュールの組込み

nginxにサードパーティモジュールを組み込むには、サードパーティモジュールのソースコードが展開されているディレクトリのパスを、configureスクリプトの--add-moduleオプションのパラメータに指定します。このオプションは複数指定可能です。

```
$ ./configure \
  --add-module=サードパーティモジュールのパス1 \
  --add-module=サードパーティモジュールのパス2
```

nginxのサードパーティモジュールには**表2.8**のようなものがあります。

表2.8 nginxのサードパーティモジュール

モジュール名	解説	URL
echo-nginx-module	nginxのテストやデバッグのためのユーティリティ	https://github.com/openresty/echo-nginx-module
headers-more-nginx-module	HTTPヘッダを制御、変更	https://github.com/openresty/headers-more-nginx-module
lua-nginx-module	nginxをLuaで拡張	https://github.com/openresty/lua-nginx-module
ngx_cache_purge	nginxがキャッシュしたコンテンツを削除	https://github.com/FRiCKLE/ngx_cache_purge

第 **2** 章 インストールと起動

2.2

パッケージからのインストール

ソースコードと同様に、nginxのビルド済みパッケージは公式WebサイトでいくつかのLinuxディストリビューション向けに提供されています。公式パッケージが提供されているLinuxディストリビューションは次のURIで確認できます。

```
http://nginx.org/en/linux_packages.html
```

ここではDebian GNU/Linux、CentOS、FreeBSDでのインストール方法について解説します[注4]。

Debian GNU/Linuxの場合

nginxの公式サイトからPGP公開鍵をダウンロードし、登録します[注5]。

```
$ wget -q http://nginx.org/keys/nginx_signing.key
$ sudo apt-key add nginx_signing.key
```

次に/etc/apt/sources.listに**リスト2.1**の行を追加します。

リスト2.1 nginxの公式リポジトリ情報（Debian GNU/Linux）

```
deb http://nginx.org/packages/mainline/debian/ コードネーム nginx
deb-src http://nginx.org/packages/mainline/debian/ コードネーム nginx
```

「コードネーム」にはDebian GNU/Linuxのメジャーリリースのコードネームを指定します。7.xであればwheezy、8.xであればjessieになります。最後に次のコマンドを実行すればインストール完了です。

```
$ sudo apt-get update
$ sudo apt-get install nginx
```

注4　動作確認はDebian GNU/Linux 8.2、CentOS 7.1、FreeBSD 10.1で行っています。
注5　http://nginx.org/en/linux_packages.html

24

CentOSの場合

CentOSの場合は/etc/yum.repos.d/nginx.repoを**リスト2.2**の内容で作成します[注6]。

リスト2.2 nginxの公式リポジトリ情報（CentOS）

```
[nginx]
name=nginx repo
baseurl=http://nginx.org/packages/mainline/centos/リリース番号/$basearch/
gpgcheck=0
enabled=1
```

「リリース番号」にはリリース番号（5、6、7）を指定します。設定後、yumコマンドを使用してインストールします。

```
$ sudo yum install nginx
```

FreeBSDの場合

FreeBSDでは、次のコマンドを実行するだけでパッケージのインストールが完了します[注7]。

```
# pkg install nginx
```

2.3
nginxの起動、終了、基本的な操作

さて、ここまででnginxのインストールが完了したはずです。ここからはnginxの起動、終了、設定の再読み込みといった基本的な操作方法について解説します。APT、Yumといったパッケージ管理システムでインストールした場合にはそれぞれのディストリビューションでサービス管理の方法が用意されていますが、ここではnginxの実行ファイル本体を直接操作

注6　http://nginx.org/en/linux_packages.html
注7　pkgコマンドの利用方法についてはFreeBSDの公式マニュアルを参照してください。
　　　https://www.freebsd.org/doc/handbook/pkgng-intro.html

第 **2** 章　インストールと起動

する方法を解説します。

nginxの起動

　nginxを起動するには単に実行ファイルを実行します。初期設定では80番ポートをbindした状態で、デーモン[注8]としてnginxプロセスが起動します。HTTPのデフォルトポートは80番ポートですが、一般ユーザは1024番未満のポートをbindできません。そのため80番ポートをbindするためにはroot権限で実行する必要があります。

```
$ sudo nginx
```

　設定ファイルの位置や実行時ディレクトリはコンパイル時に指定しますが、起動時にオプションを指定することで、これらの設定をオーバーライドできます。指定できるオプションには**表2.9**のものがあります。

表2.9　　**起動時に指定できるオプション**

オプション	説明
-t	設定ファイルの構文チェックを行う
-c nginx.conf	設定ファイルを指定する
-g settings	設定ファイルに書かれていない設定を指定する※
-p prefix	実行時のprefixパスを指定する

※指定できるのはmainコンテキストのディレクティブのみです。

　-tオプションはnginxの設定ファイルの構文チェックを行うためのオプションです。このオプションを指定するとnginxは起動せずに設定ファイルの構文チェックのみを行います。nginxは起動時に設定ファイルに文法的な間違いなどがあると起動に失敗するので、設定ファイルを書き換えたときはこのオプションを利用して設定ファイルの構文が正しいかどうか確認するようにしましょう。

```
$ sudo nginx -t
nginx: the configuration file /usr/local/nginx/conf/nginx.conf syntax is ok
nginx: configuration file /usr/local/nginx/conf/nginx.conf test is successful
```

注8　バックグラウンドで起動するプロセスのことです。

26

-gオプションを用いることで、設定を一部オーバーライドできます。次の例では、-gオプションでpidディレクティブを指定することで、PIDファイルの位置を変更しています。

```
$ sudo nginx -c ~/test_nginx.conf -g "pid /var/run/test_nginx.pid;"
```

nginxのプロセスが起動していることを確認

第1章で解説したとおり、nginxのプロセスにはマスタプロセスとワーカプロセスなどがあります。Unix環境であればpsコマンドを用いて確認してみましょう。それぞれ1プロセスずつ起動しているのが確認できます。

```
$ ps ax | grep nginx
29024 ?        Ss     0:00 nginx: master process /usr/sbin/nginx
29025 ?        S      0:00 nginx: worker process
```

80番ポートをbindしていることを確認

続いて80番ポートをbindしていることを確認しましょう。bindしているポートを確認する方法はいくつかありますが、ここではssを用います。

```
$ ss -an | grep LISTEN | grep :80
LISTEN    0       128                    *:80                   *:*
```

nginxの終了、設定の再読み込み

nginxは終了、設定の再読み込みといった動作をシグナルによって制御できます。操作方法にはnginxコマンドを用いる方法と、killコマンドなどを利用してマスタプロセスにシグナルを送信する方法があります。

nginxコマンドによる制御

nginxコマンドに -sオプションを付けて実行することで、マスタプロセスにシグナルを発行できます。

```
$ nginx -s stop
```

使用できるコマンドは**表2.10**のとおりです。

第 **2** 章　インストールと起動

表2.10　nginxコマンド

コマンド	説明
stop	リクエストの処理を待たずに終了する
quit	現在のリクエスト処理が完了してから終了する
reload	設定ファイルの再読み込みを行う
reopen	ログファイルを再度開く

`reload`シグナルを利用すると、nginxを終了せずに新しい設定を反映できます。この操作では、設定をテストしたあと、新しい設定ファイルで新たなプロセスを起動したあとに古いプロセスを終了します。そのため、リクエストの処理を中断することなく設定ファイルを更新できます。

▌ killコマンドによるシグナルの送信

nginxコマンドを使わずに、マスタプロセスに直接シグナルを送信することでも制御できます。

```
$ kill -s QUIT `cat /var/run/nginx.pid`
```

シグナルとコマンドは**表2.11**のように対応しています。

表2.11　制御コマンドとシグナルの対応

コマンド	シグナル
stop	TERM、INT
quit	QUIT
reload	HUP
reopen	USR1

システムサービスとして実行

nginxをパッケージでインストールすると、nginxをシステムサービス[注9]として実行するための設定も合わせてインストールされます。サービスを起動するための操作方法は次のようになります。

```
$ sudo service nginx start    ←nginxを起動する
$ sudo service nginx stop     ←nginxを停止する
```

注9　常駐するプログラムのことです。

28

```
$ sudo service nginx restart     ←nginxを再起動する
$ sudo service nginx reload      ←nginxの設定を再読み込みする
$ sudo service nginx configtest  ←nginxの設定ファイルの構文チェックを行う
$ sudo service nginx upgrade     ←nginxの実行バイナリを無停止で差し替える
```

　upgradeを実行すると、起動中のnginxの実行バイナリを無停止で差し
替えることができます。これは起動中のnginxのバージョンを更新する際
に非常に便利です。restartは起動中のnginxプロセスを終了させたあと
に新しいnginxプロセスを起動するので一時的にnginxへのリクエストを
取りこぼしてしまうのですが、upgradeは一時的に古いnginxのプロセス
と新しいnginxのプロセスが混在した状態を作り出したあと、古いnginx
のプロセスをゆるやかに終了させます。そのためrestartと違ってnginx
へのリクエストの取りこぼしが発生しません。

　Debian GNU/Linux 8、CentOS 7などでsystemdを用いてサービス管
理を行っている環境では、systemctlコマンドを用いてサービスの管理を
行うこともできます。systemctlを利用する場合、操作方法は次のように
なります。

```
$ sudo systemctl enable nginx.service  ←nginxをシステム起動時に起動する
$ sudo systemctl start nginx.service   ←nginxを起動する
$ sudo systemctl stop nginx.service    ←nginxを停止する
```

2.4

まとめ

　nginxのインストール方法から起動方法まで解説しました。本章で解説
したように、nginxをビルドする際にはさまざまなオプションが利用でき
ます。オプションの種類はnginxの各ファイルパスの指定、依存ライブラ
リやモジュールの組込み方法と多岐に渡ります。

　手っ取り早くnginxを利用したいのであればRPMやdebなどのビルド済
みパッケージを使うのがよいでしょう。ソースコードからインストールす
るのがよいかビルド済みパッケージを利用するのがよいかは自身や開発現
場のニーズと照らし合わせて選択しましょう。

　次章からはnginxの基本的な設定方法について解説していきます。

第 **3** 章

基本設定

第 **3** 章 基本設定

　第1章で触れたように、nginxは複数のモジュールを組み合わせた構成になっています。これらのモジュールの動作はすべて単一の設定ファイルnginx.confに記述します。本章では設定ファイルの書き方、構造、そして基本的な設定について紹介します。ここで紹介する方法はHTTPサーバとしての基本となる設定になります。

3.1

設定ファイルの構成

　まずは設定ファイルの基本的な記述方法について説明します。設定ファイルの標準的なファイル名はnginx.confです。設定ファイルの位置はビルド時に指定するか、起動時にオプション引数で指定できます。ビルド時に指定した設定ファイルの位置などを確認する場合にはnginx -Vコマンドが使用できます。ビルド時の指定、オプションについては第2章にて説明しています。

設定ファイルのフォーマット

　簡単な例を見てみましょう。本章で説明する設定を用いたサンプルを**リスト3.1**に示しました。

リスト3.1 シンプルなWebサーバの設定（nginx.conf）

```
worker_processes  1;

events {
    worker_connections  1024;
}


http {
    include       mime.types;
    default_type  application/octet-stream;

    # ログフォーマットを指定
    log_format  main  '$remote_addr - $remote_user [$time_local] "$request" '
                      '$status $body_bytes_sent "$http_referer" '
```

32

設定ファイルの構成 **3.1**

```
                            '"$http_user_agent" "$http_x_forwarded_for"';

    access_log logs/access.log main;

    sendfile on;
    tcp_nopush on;

    server {
        listen 80;
        server_name localhost;

        # ルートディレクトリを指定
        root html;
        index index.html index.htm;
    }
}
```

　この設定をnginx.confに記述しnginxを起動してみましょう。リスト3.1
の設定ではファイルを配信するシンプルなHTTPサーバが動作します。
nginxをインストールしたディレクトリにあるhtmlディレクトリ[注1]にtest.
htmlを置いてhttp://localhost/test.htmlにアクセスすると、test.html
の内容が表示されるはずです。

　設定ファイルのそれぞれの項目はディレクティブと呼ばれます。それぞ
れのディレクティブは半角スペースやタブなどの空白文字でインデントす
ることができます。一般的には空白文字4文字のインデントが多く使われ
ます。また各行のシャープ(#)以降は、行末まですべてコメントとして扱わ
れます。

ディレクティブ

　ディレクティブにはセミコロン(;)で終わるシンプルなディレクティブ
と、ブロックをとるディレクティブの2種類があります。

■ シンプルなディレクティブ

　ブロックをとらないシンプルなディレクティブは、ディレクティブ名と

注1　デフォルトでは/usr/local/nginx/htmlになります。インストールディレクトリの指定については
　　　第2章「インストール」(17ページ)を参照してください。

33

第 **3** 章　基本設定

図3.1　ディレクティブの例

```
パラメータが1つだけのディレクティブ
worker_processes 1;
     ディレクティブ名    パラメータ

パラメータを複数とるディレクティブ
error_log /var/log/nginx/error.log error;
                 第1パラメータ      第2パラメータ

複数パラメータを改行で区切って指定可能
log_format ltsv 'time:$time_local\t'                  # 時刻
                'status:$status\t'                     # ステータス
                'request_time:$request_time\t'         # リクエスト時間
                'remote_addr:$remote_addr\t'           # リモートアドレス
                'request_method:$request_method\t'     # メソッド
                'request_uri:$request_uri\t'           # リクエストURI
                'protocol:$server_protocol\t'          # プロトコル
                'http_referer:$http_referer\t'         # リファラ
                'http_user_agent:$http_user_agent';    # ユーザエージェント
```

そのパラメータから構成されます。**図3.1**にいくつかのディレクティブの
記述例を示しました。

　ディレクティブ名とパラメータはスペースまたはタブ文字で区切り、最
後にセミコロンを付けます。1行に複数のディレクティブを記述すること
もできますが、ディレクティブ1つごとに改行する書き方が一般的です。

　ディレクティブによっては複数のパラメータを指定する場合もあります。
この場合、各パラメータの間はスペースまたはタブといった空白文字で区
切って記述します。パラメータが多く1行が長くなる場合は、パラメータ
ごとに改行で区切って複数行に分割することもできます。

ブロック付きディレクティブとコンテキスト

　一部のディレクティブでは、セミコロンの代わりにブレース（{…}）で囲
んだブロックを指定します。ブロック内の記述は、指定したディレクティ
ブの有効範囲でのみ有効です。この有効範囲のことをコンテキストと呼び
ます[注2]。

　図3.2の例を見てみましょう。ここでは2つのrootディレクティブ（❶と

注2　ほかの書籍やドキュメントではコンテキストとブロックを区別せず単にブロックと呼ぶこともあり
　　　ますが、本書ではコンテキストと呼びます。

34

設定ファイルの構成 **3.1**

❷）が定義されています。❶は❹、❸どちらのブロックにも含まれていないため、どのコンテキストでも有効です。しかし、❹のブロックには別のrootディレクティブ（❷）が記述されています。そのため、❹のコンテキストでは❷が優先されます。❸のブロックにはrootディレクティブが記述されていないため、❶のrootディレクティブが有効です。

図3.2 **コンテキストとディレクティブの有効範囲**

```
root /var/www/html; ❶

server { ❹
    server_name a.example.com;
    root /var/www2/html; ❷
}

server { ❸
    server_name b.example.com;
}
```

　本書では、serverディレクティブのコンテキストをserverコンテキスト、locationディレクティブのコンテキストをlocationコンテキストと呼びます。ディレクティブにはそれぞれ使用できるコンテキストに制限があります。たとえば、rootディレクティブは、httpコンテキスト、serverコンテキスト、locationコンテキスト、location中のifコンテキストで使用できます。nginxでは、どのコンテキストにも所属していない場合、mainコンテキストとして扱われます。

■ パラメータの書式

　ディレクティブのパラメータには数値または文字列が使用できます。パラメータはシングルクォート（'）、またはダブルクォート（"）で囲って指定できます。nginxではパラメータの区切りに空白文字を使用しますが、クォートを使用することでパラメータに空白文字を指定できます。

```
server_name "www.example.com";
```

　サイズと時間はいくつかの単位を用いて指定します。たとえば、ファイルサイズなどを指定する際には、次のようにKB単位で指定できます。単位を省略した場合、サイズはバイト単位、時間は秒単位として扱われます。

第**3**章　基本設定

```
# 64KBを指定する
client_body_buffer_size 64k;
```

　タイムアウトの秒数などを時間単位で指定する場合は次のようになります。

```
# 1時間を指定する
client_body_timeout 1h;
```

　ファイルサイズや時間を指定する場合は、このように単位を指定することが推奨されています[注3]。**表3.1**、**表3.2**にパラメータの指定に用いる単位を示しました。

表3.1　サイズの指定に使用できる単位

単位	値
k	キロバイト（1,024バイト）
m	メガバイト（1,048,576バイト）

※サイズの指定にはg（ギガバイト）も使える場合がありますが、ディレクティブによってはサポートされていません。

表3.2　時間の指定に使用できる単位

単位	値
ms	ミリ秒（0.001秒）
s	秒（1秒）
m	分（60秒）
h	時（3,600秒）
d	日（86,400秒）
w	週（7日）
M	月（30日）
y	年（365日）

変数

　ディレクティブのパラメータには変数を使用することもできます[注4]。nginxでは変数名の先頭にドル記号（$）を付けて表現します。変数は文字列の中に

注3　いくつかのディレクティブは秒単位での指定にしか対応していません。
注4　一部のパラメータには変数を利用できないものがあります。

設定ファイルの構成 **3.1**

埋め込むことができ、リクエストを処理するタイミングなど、値が評価されるときに値が展開されます。

表3.3にはHTTPサーバとして利用する際に使用できる代表的な変数を示しました。これらの変数はログファイルに記録できるほか、リクエストの振り分けにも使用できます。表3.3に示した変数以外にも、クエリストリングやHTTPヘッダの値が変数として利用できます。

表3.3 利用できる代表的な変数

変数名	説明
$body_bytes_sent	ヘッダなどを含まないレスポンスボディのバイト数
$bytes_sent	ユーザに送信したバイト数
$connection	コネクションのシリアル番号
$connection_requests	1コネクションで処理したリクエスト数
$content_length	Content-Lengthヘッダの値
$content_type	Content-Typeヘッダの値
$host	マッチしたサーバ名もしくはHostヘッダの値、なければリクエスト内のホスト
$hostname	ホスト名
$msec	秒単位の現在時刻（ミリ秒精度）
$nginx_version	nginxのバージョン番号
$pid	ワーカプロセスのPID
$remote_addr	リクエストの送信元アドレス
$remote_port	リクエストの送信元ポート
$request	リクエストに含まれているHTTPのリクエスト行
$request_completion	リクエストの処理が正しく完了すれば"OK"（それ以外は空文字）
$request_filename	リクエストされたURIを解決したファイルパス
$request_length	リクエストのサイズ
$request_method	リクエストされたHTTPメソッド
$request_time	リクエストの処理にかかった時間（秒単位、ミリ秒精度）
$request_uri	リクエストに含まれるクエリストリング付きのオリジナルのURI
$scheme	リクエストされたスキーマ（"http"または"https"）
$server_name	リクエストを処理したサーバ名
$server_port	リクエストを処理したポート
$server_protocol	リクエストのプロトコル（"HTTP/1.0"または"HTTP/1.1"）
$status	レスポンスのHTTPステータスコード
$time_local	ApacheのCommon Logging形式の現在時刻
$time_iso8601	ISO 8601形式の現在時刻
$uri	正規化済みのリクエストされたURI

37

第 **3** 章　基本設定

　クエリストリングの値は$arg_属性名、HTTPヘッダの値は$http_フィールド名で使用できます（**表3.4**）。HTTPヘッダのフィールド名はすべて小文字に変化され、ハイフン(-)はアンダースコア(_)に置換されます。たとえば、User-Agentヘッダフィールドを参照する場合、変数名は$http_user_agentとなります。

表3.4　　リクエストに応じて定義される変数

変数名のパターン	説明	例
$arg_属性名	クエリストリングに含まれる値※	$arg_page
$cookie_属性名	Cookieに含まれる値	$cookie_PHPSESSID
$http_フィールド名	リクエストヘッダの値	$http_user_agent
$sent_http_フィールド名	送信したレスポンスヘッダの値	$sent_http_cache_control

※たとえば/?input=valueというクエリストリングが指定されていた場合、$arg_input変数で値valueを取得できます。

　nginxではほかにもたくさんの変数が使用可能です。nginxの公式サイトに変数の索引が掲載されているページがあるので、自分が利用したい変数がないか調べたいときはそちらを参照するとよいでしょう[注5]。

設定のインクルード

　共通設定を使用する場合や複数のサーバを設定する場合、設定ファイルを複数に分割することで管理しやすくなります。includeディレクティブを用いることで、複数に分割した設定ファイルを読み込んで使用できます（**書式3.1**）。

書式3.1　　includeディレクティブ

構文	**include** ファイル名 | ファイルマスク;
デフォルト値	なし
コンテキスト	すべてのコンテキスト
解説	設定ファイルを読み込む

　パラメータにはファイル名またはファイルマスクを指定できます。ファ

注5　http://nginx.org/en/docs/varindex.html

イルは絶対パスあるいはnginx.confが配置されているパスからの相対パスで指定できます。nginx.confが/etc/nginxディレクトリに配置されている場合、次の2行はどちらも同じファイルを意味しています。

相対パスで指定した場合
```
include mime.types;
```

絶対パスで指定した場合
```
include /etc/nginx/mime.types;
```

　ファイルマスクを利用することで、一致する複数ファイルを同時に読み込むことができます。次の例ではsites-enabledディレクトリにある拡張子が.confのファイルがすべて読み込まれます。

```
include sites-enabled/*.conf;
```

　ファイルマスクで指定した場合は読み込み順を指定できないことに注意しましょう。読み込まれる順番によって優先順位が変化してしまうこともあります。また、ファイルの内容はincludeディレクティブを記述した場所にそのまま読み込まれます。従って、locationディレクティブのブロック内に記述した場合、locationコンテキストとして扱われることになります。

3.2
HTTPサーバに関する設定

　nginxは複数のモジュールで構成されており、すべてのモジュールを設定ファイルに記述するディレクティブで制御できます。HTTPサーバとしての主要な機能はngx_http_core_moduleに実装されています。ngx_http_core_moduleのディレクティブだけでも70以上のディレクティブがありますが、簡単なWebサーバとして利用するだけであればそれほど多くの設定は必要ありません。

　標準搭載されているモジュールの情報は、すべて公式ドキュメントに記載されています[注6]。それぞれのディレクティブの使用方法を確認する際には

注6　http://nginx.org/en/docs/

第 **3** 章　基本設定

参照するとよいでしょう。

HTTPコンテキストの定義

　HTTPサーバに関連する設定を記述するにはhttpディレクティブを用いてhttpコンテキストを定義します（**書式3.2**）。nginx本体に関する設定を除き、ほとんどのHTTPサーバの動作に関連する設定は、このhttpディレクティブのブロック内に記述することになります。

書式3.2　httpディレクティブ

構文	http { … }
コンテキスト	main
解説	httpコンテキストを定義する

バーチャルサーバの定義

　nginxでは使用するIPアドレス、ポート、ホスト名ごとに別々の設定を持つ複数のHTTPサーバを動作させることができます。これらはバーチャルサーバと呼ばれます。バーチャルサーバは、それぞれ別々のHTTPサーバであるかのように動作し、それぞれ独立した設定を持っています。

　バーチャルサーバはserverディレクティブで定義します（**書式3.3**）。ブロック内に記述した設定がバーチャルサーバの設定として扱われます。

書式3.3　serverディレクティブ

構文	server { … }
コンテキスト	http
解説	バーチャルサーバを定義する

　リスト3.2の例では2つのバーチャルサーバが定義されています。この場合、**図3.3**のように2つのバーチャルサーバが動作することになります。

3.2 HTTPサーバに関する設定

リスト3.2 複数のバーチャルサーバを定義する例

```
http {
    server {
        listen 80;
        server_name www.example.com;
        ...
    }
    server {
        listen 80;
        server_name static.example.com;
        ...
    }
}
```

図3.3 2つのserverディレクティブで定義されるバーチャルサーバ

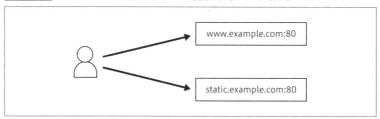

■ 使用するアドレス、ポートの指定

バーチャルサーバが使用するアドレス、ポートはlistenディレクティブで指定します。listenディレクティブではアドレス、ポートまたはUNIXドメインソケットファイルを指定できます(**書式3.4**)。

書式3.4 listenディレクティブ

構文	listen アドレス[:ポート] [default_server] [ssl] [http2 | spdy];※
	listen ポート [default_server] [ssl] [http2 | spdy];
	listen unix:UNIXドメインソケットファイル [default_server] [ssl] [http2 | spdy];
デフォルト値	*:80 (使用できない場合は*:8000)
コンテキスト	server
解説	バーチャルサーバが使用するアドレス、ポートを指定する

※ nginx 1.9.5以上ではhttp2、1.9.4以下ではspdyを指定できます。HTTP/2、SPDYについては第5章「TTFBの最小化によるHTTPS通信の最適化」(103ページ)で説明します。

41

第 **3** 章　基本設定

　リスト**3.3**に listen ディレクティブによる IP アドレス、ポートの指定方法の例を示しました。UNIX ドメインソケットファイルは unix: という接頭辞をファイル名の先頭に指定します。listen ディレクティブを指定しなかった場合、TCP80番ポート（HTTP）が使用されます。rootユーザ（特権ユーザ）で動作させず、1024番以下のポートが使用できない場合、代わりに TCP8000番ポートが使用されます。

リスト3.3 listenディレクティブの指定例

```
listen *:8080;              # すべてのアドレスの8080番ポート
listen 8080;                # *:8080と同じ

listen 127.0.0.1:8080;      # ローカルアドレスの8080番ポート
listen localhost:8080;      # ホスト名で指定することもできる

listen unix:/var/run/nginx.sock; # UNIXドメインソケットを指定
```

　listen ディレクティブは、1つの server ディレクティブのブロックに複数指定することも可能です。たとえば、80番ポート（HTTP）と UNIX ドメインソケットファイルの両方で動作する HTTP サーバを定義できます（**リスト3.4**）。

リスト3.4 80番ポートとUNIXドメインソケットファイルの両方で動作するサーバの定義

```
server {
    listen 80;                 # TCP80番ポートを指定
    listen unix:/tmp/nginx.sock; # UNIXドメインソケットを指定
    ...
}
```

　指定したアドレスやポートを HTTPS で使用するかどうか、HTTP/2 または SPDY を有効にするかなど、ポートやソケット単位で指定するいくつかの設定も、この listen ディレクティブのパラメータとして指定します。ここでは代表的なパラメータのみを紹介し細かいパラメータは省いているため、すべてのパラメータを確認するには公式ドキュメントを参照してください[注7]。HTTPS、HTTP/2 または SPDY に関する設定については第5章

注7　http://nginx.org/en/docs/http/ngx_http_core_module.html

「TTFBによるHTTPS通信の最適化」（103ページ）で説明しています。

▌ホスト名の指定

バーチャルサーバで使用するホスト名を指定するには server_name ディレクティブを使用します（**書式3.5**）。ホスト名を指定することで、80番ポートなど同じポート、アドレスで動作する複数のサーバを定義できます。

書式3.5 server_nameディレクティブ

構文	**server_name** ホスト名 …;
デフォルト値	なし
コンテキスト	server
解説	バーチャルサーバで使用するホスト名を指定する

server_name ディレクティブには複数のホスト名を指定できます。また、ホスト名の指定にはワイルドカードも使用できます。次の例では example.com と *.example.com にマッチするすべてのホスト名を指定します。

```
server_name example.com *.example.com;
```

先頭にアスタリスクを用いる場合は省略することもできます。

```
server_name .example.com;
```

ホスト名の指定には正規表現を使用することもできます。正規表現を使用する場合はチルダ(~)を先頭に付けて指定します[注8]。

```
server_name ~img\d+\.example\.com$;
```

▌複数のバーチャルサーバの優先順位

複数のバーチャルサーバを定義している場合、nginx は次の順番でどのバーチャルサーバが使用されるか決定します。

❶ listen ディレクティブのアドレスとポートに一致するバーチャルサーバを検索する

❷ リクエストの Host ヘッダが server_name ディレクティブで指定したホストに

注8　nginx では PCRE で定義されている正規表現構文が使用できます。

第 **3** 章　基本設定

一致したバーチャルサーバにリクエストを振り分ける

❸どのサーバにも一致しない場合デフォルトサーバにリクエストを振り分ける

　ホスト名の一致は、完全一致、ワイルドカード、正規表現の順番に評価されます。どのバーチャルサーバにも一致しない場合はデフォルトサーバにリクエストが振り分けられます。デフォルトサーバは設定ファイルの一番上に記述したバーチャルサーバが使用されますが、listenディレクティブにdefault_serverパラメータを使用することで明示的に指定できます（書式3.4）。**リスト3.5**の場合、www.example.com以外へのリクエストは❶のサーバコンテキストにマッチすることになります。

リスト3.5　デフォルトサーバの指定

```
server { # ❶デフォルトサーバ
    listen 80 default_server;
}

server { # www.example.com
    listen 80;
    server_name www.example.com;
}
```

公開するディレクトリを設定

　公開するディレクトリを明示的に指定するにはrootディレクティブを使用します（**書式3.6**）。

書式3.6　rootディレクティブ

構文	**root** ディレクトリパス;
デフォルト値	html
コンテキスト	http、server、location、location中のif
解説	サーバの公開ディレクトリを指定する

　たとえば/var/www/htmlを指定する場合、次のように記述します。

```
root /var/www/html;
```

nginxではrootディレクティブで指定したディレクトリのパスがその
URIのルートにマッピングされます。上の設定が適用された場合を考えて
みましょう。

http://www.example.com/images/example.pngにリクエストされた場合、
URIにおける絶対パスは/images/example.pngです。ルートディレクトリ
は/var/www/htmlですので、ファイルシステム上で参照されるファイルは
/var/www/html/images/example.pngになります。このようにファイルシス
テム上の絶対パスは、URIにおける絶対パスの前方にrootディレクティブ
に指定されたパスを結合したものになります。

MIMEタイプの指定

HTTPではContent-Typeヘッダフィールドの値にファイルの種類を指定
する必要があります。nginxでは、参照されたファイルの拡張子とContent-
Typeとして使用するMIMEタイプのマッピングをtypesディレクティブに
よって定義します。typesディレクティブは、ブロック内にMIMEタイプ
とそれに対応する拡張子を指定します（**書式3.7**）。ファイルが参照された
とき、typesディレクティブに定義した拡張子に対応するMIMEタイプが
Content-Typeヘッダフィールドの値として使用されます。

書式3.7 typesディレクティブ

構文	types { … }

デフォルト値	{
	　　　　text/html html;
	　　　　image/gif gif;
	　　　　image/jpeg jpg;
	}

コンテキスト	http、server、location
解説	ファイルの拡張子とMIMEタイプのマッピングを定義する

nginxには一般的なマッピングを含むtypesディレクティブを定義した
mime.typesファイルが添付されています。このファイルをインクルードす
ることで標準的な拡張子とMIMEタイプの割り当てを定義できます。一般
的な用途ではこのファイルをインクルードするだけで十分でしょう。独自
の拡張子などを使用している場合は、このmime.typesファイルを修正して

第 3 章 基本設定

使用すると手間を省くことができます。

```
include mime.types;
```

typesディレクティブに一致する拡張子が定義されていない場合、デフォルトのMIMEタイプが使用されます。デフォルトのMIMEタイプはdefault_typeディレクティブで指定できます（**書式3.8**）。

書式3.8 default_typeディレクティブ

構文	**default_type** MIMEタイプ;
デフォルト値	text/plain
コンテキスト	http、server、location
解説	デフォルトのMIMEタイプを指定する

次の例ではapplication/octet-streamを指定しています。application/octet-streamは任意のバイナリデータに使用されるMIMEタイプで、一般的なブラウザでは、このMIMEタイプを受け取るとファイルのダウンロードを開始します。この例ではtypesディレクティブを用いてすべてのマッピングを無効にしています。そのため、すべてのファイルがブラウザでダウンロードする挙動を示します。

```
types {} # 空にすることで拡張子による割り当てを無効にする
default_type application/octet-stream;
```

アクセスログの出力

アクセスログに関するディレクティブはngx_http_log_moduleに含まれています。ログのフォーマットはlog_formatディレクティブ、出力先はaccess_logディレクティブで指定します。

ログフォーマットの定義

log_formatディレクティブでは出力するログの書式を定義します（**書式3.9**）。第1パラメータには定義する書式の名前、第2パラメータに書式を定義します。

書式3.9 log_formatディレクティブ

構文	**log_format** フォーマット名 ログの書式文字列 …;
デフォルト値	combined '$remote_addr - $remote_user [$time_local] ' '"$request" $status $body_bytes_sent ' '"$http_referer" "$http_user_agent"'
コンテキスト	http
解説	出力するログの書式を定義する

　ログの書式には先ほど表3.3、表3.4に示した変数が指定できます。たとえばApache HTTPサーバのcombined logと同じ形式にする場合の指定は次のようになります。

```
log_format main '$remote_addr - $remote_user [$time_local] "$request" '
                '$status $body_bytes_sent "$http_referer" '
                '"$http_user_agent" "$http_x_forwarded_for"';
```

　タブ文字を使用する場合、エスケープシーケンスを用いて「\t」のように指定します。たとえば、LTSV（*Labeled Tab-Separated Values*）形式[注9]で出力したい場合、**リスト3.6**のように記述するとよいでしょう。

リスト3.6 LTSV形式のログフォーマットの定義

```
log_format ltsv 'time:$time_local\t'                    # 時刻
                'status:$status\t'                      # ステータス
                'request_time:$request_time\t'          # リクエスト時間
                'body_bytes_sent:$body_bytes_sent\t'
                                    # 送信したレスポンスボディサイズ
                'remote_addr:$remote_addr\t'            # リモートアドレス
                'request_method:$request_method\t'      # メソッド
                'request_uri:$request_uri\t'            # リクエストURI
                'protocol:$server_protocol\t'           # プロトコル
                'http_referer:$http_referer\t'          # リファラ
                'http_user_agent:$http_user_agent';     # ユーザエージェント
```

　また、nginxは常に次のcombinedフォーマットの設定を事前にインクルードしており、特定のログフォーマットの指定がなければこのフォーマットが利用されます[注10]。

注9　LTSVについては、WEB+DB PRESS Vol.74「LTSVでログ活用」を参照してください。

注10　Apacheとnginxのcombinedフォーマットの書式は若干異なるので注意が必要です。

第 **3** 章 基本設定

```
log_format combined '$remote_addr - $remote_user [$time_local] '
                    '"$request" $status $body_bytes_sent '
                    '"$http_referer" "$http_user_agent"';
```

■ ログファイルの出力先

ログファイルの出力先はaccess_logディレクティブに指定します（**書式 3.10**）。指定しなかった場合コンパイル時に指定したファイルパスが使用されます[注11]。

書式3.10 access_logディレクティブ

構文	**access_log** ファイルパス [フォーマット];
デフォルト値	logs/access.log※ combined
コンテキスト	http、server、location、location中のif、limit_except
解説	ログファイルの出力先を指定する

※コンパイル時に指定可能です。

第1パラメータには出力先ファイルパスを指定します。offを指定するとアクセスログの出力を無効にします。第2パラメータにはlog_formatディレクティブで指定したフォーマット名を指定します。たとえばリスト3.6で定義したLTSV形式のフォーマットを用いる場合、次のように指定します。

```
access_log access.log ltsv;
```

3.3

nginx本体の設定

ここまではHTTPサーバに関する基本的な設定を紹介しました。ここからはnginx本体の動作に関する基本的な設定を紹介します。これらの設定ディレクティブはモジュールではなくnginx本体に定義されています。基本的な動作を設定するため必ず確認しておいたほうがよいでしょう。

注11　第2章「インストール」（17ページ）を参照してください。

48

リスト3.7には、本体の動作設定を含む最低限の設定を示しました。

リスト3.7 nginx本体の基本的な設定

```
user nobody;
worker_processes 1;

error_log /var/log/nginx/error.log;
pid /var/run/nginx.pid;

events {
    worker_connections 1024;
}

http {
    server {
        listen 80;
    }
}
```

エラーログの出力設定

エラーログはnginxのすべてのモジュールで利用され、デバッグ、エラー情報を記録します。エラーログの出力の指定にはerror_logディレクティブを使用します。

error_logディレクティブ

error_logディレクティブはエラーを出力するファイルパスを指定します（**書式3.11**）。指定しなかった場合コンパイル時に指定したファイルパスが使用されます[注12]。

書式3.11 error_logディレクティブ

構文	**error_log** エラーログファイルパス [エラーレベル];
デフォルト値	logs/error.log※ error
コンテキスト	main、http、server、location
解説	エラーログの出力先を指定する

※コンパイル時に指定可能です。

注12　第2章「インストール」（17ページ）を参照してください。

第 **3** 章　基本設定

　第1パラメータにはエラーログを出力するファイルパスを指定します。ファイルパスの代わりにstderrを指定すると、エラー内容が標準エラー出力に出力されるようになります。

　第2パラメータにはエラーの出力レベルを指定します。エラーログには指定したエラーレベル以上のエラーが出力されます。エラーレベルはsyslog（RFC 3164）と同じレベルを指定できます。**表3.5**に重要度のレベルとパラメータを示しました。一般的にerrorレベル以上のエラーではリクエストの処理に失敗し、emergレベルのエラーではnginxプロセスが終了します。

表3.5 error_logディレクティブで指定できるエラーレベル（上から重要度が高い）

パラメータ	説明
emerg	サーバが実行できないエラー
alert	即時対応しなければならないエラー
crit	致命的エラー
error	一般的なエラー
warn	警告
notice	注意が必要な情報
info	一般情報
debug	デバッグ情報※

※デバッグ出力を有効にするにはコンパイル時に--with-debugを指定する必要があります。

▌バーチャルサーバ別のエラーログファイル指定

　error_logディレクティブはいくつかのコンテキストに記述できますが、mainコンテキストに記述した場合nginx本体に関するすべてのエラーが出力されます。バーチャルサーバごとに異なるエラーファイルに出力する場合はserverディレクティブのブロック内に記述します。serverコンテキストにマッチしたリクエストに関するエラーだけがserverブロック内にerror_logディレクティブで指定したエラーログファイルに出力されます。

```
http {
    error_log logs/error.log;

    server {
        listen 80;
        server_name www.example.com;

        error_log logs/www.example.com_error.log;
        ...
```

50

```
    }
    server {
        listen 80;
        server_name static.example.com;

        error_log logs/static.example.com_error.log;
        ...
    }
}
```

█ log_not_foundディレクティブ

デフォルトでは応答すべきファイルが存在しなかった場合、errorレベルの
エラーが出力されます。さまざまなファイルを配信しているサーバなど、存在
しないファイルがリクエストされることが問題ではない場合、このエラー出力
は冗長です。log_not_foundディレクティブを使用し明示的にoffを指定する
ことで、ファイルが存在しない場合のエラー出力を抑制できます（**書式3.12**）。

書式3.12 log_not_foundディレクティブ

構文	**log_not_found** on | off;
デフォルト値	on
コンテキスト	http、server、location
解説	ファイルが存在しない場合のエラー出力を有効／無効にする

プロセスの動作に関する設定

nginxプロセスの動作に関する設定には、マスタプロセスの管理に必要
なPIDファイルの出力先の指定や、ワーカプロセスの動作に関する設定が
あります。

█ pidディレクティブ

pidディレクティブでは、PIDファイルの出力先を指定します（**書式3.13**）。
PIDファイルにはマスタプロセスのPIDが出力されます。pidディレクテ
ィブを指定しなかった場合、コンパイル時に指定したファイルパスが使用
されますが、サーバの起動スクリプトやプロセス管理ツールに合わせ、適
切なファイルパスを指定しましょう。コンパイル時に指定しなかった場合

は logs/nginx.pid になります。

書式3.13 pidディレクティブ

構文	**pid** PIDファイルパス;
デフォルト値	logs/nginx.pid※
コンテキスト	main
解説	PIDファイルの出力先を指定する

※コンパイル時に指定可能です。

▎userディレクティブ

ワーカプロセスの実行ユーザを指定します。デフォルトでは nobody ユーザで起動します。user ディレクティブを使用することで、特定のユーザでワーカを動作させることができます(**書式3.14**)。

書式3.14 userディレクティブ

構文	**user** ユーザ名 [グループ];
デフォルト値	nobody nobody
コンテキスト	main
解説	ワーカプロセスの実行ユーザを指定する

Debian GNU/Linux では HTTP サーバを www-data ユーザで実行させるのが一般的です。www-data ユーザで動作させる場合、次のように指定します。

```
user www-data;
```

▎worker_processesディレクティブ

ワーカのプロセス数は worker_processes ディレクティブで指定します(**書式3.15**)。ワーカ数の最適値は CPU のコア数やサービスのアクセスパターンによって異なりますが、基本的には CPU のコア数と同じ数にするのが良いとされています。パラメータに auto を指定することで、CPU のコア数を自動検出しコア数と同じ数のワーカプロセスを起動できます。

nginx本体の設定 3.3

書式3.15 worker_processesディレクティブ

構文	**worker_processes** プロセス数 | auto;
デフォルト値	1
コンテキスト	main
解説	ワーカプロセス数を指定する

worker_rlimit_nofileディレクティブ

通常、プロセスがオープンできるファイルディスクリプタの数には上限が設定されています。Linuxの場合、上限値のデフォルトは1,024個です。nginxでは、1つのワーカプロセスが同時に数千のコネクションを処理することがあるため、大量のファイルを配信している場合ファイルディスクリプタが足りなくなってしまうことがあります。ファイルディスクリプタが足りなくなった場合はnginxのエラーログに「Too many open files」と出力されます。

1プロセスで同時にオープン可能なファイルディスクリプタの数はOS側の設定でも変更可能ですが、nginxではこの上限をworker_rlimit_nofileディレクティブで指定できます（**書式3.16**）。

書式3.16 worker_rlimit_nofileディレクティブ

構文	**worker_rlimit_nofile** ワーカプロセスがオープン可能なファイルディスクリプタの数;
デフォルト値	OSに依存
コンテキスト	main
解説	ワーカプロセスが同時にオープン可能なファイルディスクリプタの数を指定する

大量の静的ファイルを配信しているサーバで、かつ数千コネクションを同時に処理している場合は、このディレクティブを指定するようにしましょう。

eventsディレクティブ

ワーカのイベント駆動方式に関連するディレクティブはeventsディレクティブのブロックに記述します（**書式3.17**）。eventsディレクティブは省略できないため、コンテキストの内容が空でも記述する必要があります。

53

書式3.17	eventsディレクティブ
構文	events { … }
コンテキスト	main
解説	eventsコンテキストを定義する

eventsディレクティブに指定するディレクティブにはworker_connectionsディレクティブとuseディレクティブがあります。

```
events {
    worker_connections 1024;
    use epoll;
}
```

worker_connectionsディレクティブは、ワーカが処理するコネクション数を指定します(**書式3.18**)。指定しない場合512になります。コネクション数はワーカごとの最大数を指定します。そのため、ワーカ数が2であれば2 × 512 = 1024となり、同時に処理できる最大コネクション数は1,024になります。このコネクション数にはクライアント以外とのコネクション数[注13]も含まれる点に注意しましょう。静的ファイルを配信する場合、数倍の値を指定しても問題になることは少ないでしょう。コネクション数が足りなくなった場合はnginxのエラーログに「worker_connections are not enough」と出力されます。

書式3.18	worker_connectionsディレクティブ
構文	worker_connections コネクション数;
デフォルト値	512
コンテキスト	events
解説	ワーカプロセスが処理するコネクション数を指定する

useディレクティブでは、利用するコネクションの処理方式を指定します(**書式3.19**)。nginxはデフォルトでシステムに最適なメソッドを選択するため、通常このディレクティブを指定する必要はありません。Linux 2.6以上で最適なメソッドはepollメソッドです。

注13　アップストリームサーバとのコネクション数などです。

パフォーマンスに影響する設定 **3.4**

書式3.19 useディレクティブ

構文	**use** コネクションの処理方式;
デフォルト値	OSに依存
コンテキスト	events
解説	コネクションの処理方式を指定する

3.4

パフォーマンスに影響する設定

nginxのパフォーマンスに影響する基本的なディレクティブを説明します。ここで紹介するディレクティブの中でも次のディレクティブはほとんどの場合で効果的なので、あらかじめ設定しておくようにしましょう。

- keepalive_timeout
- sendfile
- tcp_nopush
- open_file_cache

keepalive_timeoutディレクティブ

keepalive_timeoutディレクティブの書式は**書式3.20**のとおりです。

書式3.20 keepalive_timeoutディレクティブ

構文	**keepalive_timeout** タイムアウト時間 [Keep-Aliveヘッダに付加するタイムアウト時間];
デフォルト値	75s
コンテキスト	http、server、location
解説	nginxに常時接続しているクライアントに対するタイムアウト時間

nginxに常時接続しているクライアントに対するタイムアウト時間を第1パラメータに指定します。

```
keepalive_timeout 60s;
```

　この値を0にすると、クライアントからの常時接続を無効にできます。ま
た、通常は指定する必要はありませんが、第2パラメータにKeep-Aliveへ
ッダに付加するタイムアウト時間を指定することもできます。

sendfileディレクティブ

　sendfileディレクティブの書式は**書式3.21**のとおりです。

書式3.21 sendfileディレクティブ

構文	**sendfile** on | off;
デフォルト値	off
コンテキスト	http、server、location、location中のif
解説	sendfile()システムコールを有効／無効にする

　sendfileディレクティブを有効にすると、ファイルの読み込みとレスポ
ンス送信にsendfile()システムコールが使用されます。sendfile()を使用
すると、ファイルをオープンしているファイルディスクリプタから直接ク
ライアントに送信するので効率良くファイルの送信ができます。一部環境
ではsendfile()が問題になることがあるため、その場合は無効にしておき
ましょう[注14]。

tcp_nopushディレクティブ

　tcp_nopushディレクティブの書式は**書式3.22**のとおりです。

注14　ネットワークマウントされている環境や、Virtualboxを用いた環境でsendfile()システムコールが
　　　問題になることが報告されています。
　　　・http://httpd.apache.org/docs/2.4/ja/mod/core.html
　　　・http://docs.vagrantup.com/v2/synced-folders/virtualbox.html

書式3.22 tcp_nopushディレクティブ

構文	**tcp_nopush** on | off;
デフォルト値	off
コンテキスト	http、server、location
解説	TCP_NOPUSH（LinuxではTCP_CORK）オプションを有効／無効にする

tcp_nopushディレクティブを有効にするとsendfileディレクティブが有効な場合に、FreeBSDではTCP_NOPUSHオプション、LinuxではTCP_CORKオプションが使用されます。このオプションを使用すると最も大きなパケットサイズでレスポンスヘッダとファイルの内容を送信でき、送信するパケット数を最小化できます。基本的には有効にしておくとよいでしょう。

open_file_cacheディレクティブ

open_file_cacheディレクティブの書式は**書式3.23**のとおりです。

書式3.23 open_file_cacheディレクティブ

構文	**open_file_cache** off;
	open_file_cache max=最大エントリ数 [inactive=有効期間];
デフォルト値	off
コンテキスト	http、server、location
解説	オープンしたファイルのキャッシュを有効／無効にする

open_file_cacheディレクティブを有効にすると、nginxは一度オープンしたファイルの情報を一定期間保存します。具体的には次の情報をキャッシュします。

- ・ファイルのディスクリプタ、サイズ、更新日時
- ・ディレクトリが存在するか
- ・「ファイルが存在しない」「読み取り権限エラー」といったエラーの情報

maxパラメータにはキャッシュの最大エントリ数、inactiveパラメータにはキャッシュの最後にアクセスがあった日時からの有効期間を指定します。キャッシュのエントリ数がいっぱいになると利用頻度の低いキャッシ

第 **3** 章　基本設定

ュから削除されます。

```
open_file_cache max=1000 inactive=60s;
```

　なお、エラーの情報をキャッシュするには別途open_file_cache_errors
ディレクティブを有効にする必要があります(**書式3.24**)。

書式3.24 open_file_cache_errorsディレクティブ

構文	**open_file_cache_errors** on | off;
デフォルト値	off
コンテキスト	http、server、location
解説	オープンしたファイルのエラー情報のキャッシュを有効/無効にする

worker_cpu_affinityディレクティブ

　nginxの各ワーカプロセスがどのCPUに割り当てられるかはOSのスケ
ジューラに依存しますが、worker_cpu_affinityディレクティブを利用す
ることで各ワーカプロセスを特定のCPUコアに割り当てることができるよ
うになります(**書式3.25**)。

書式3.25 worker_cpu_affinityディレクティブ

構文	**worker_cpu_affinity** CPUコアのビットマスク …;
デフォルト値	なし
コンテキスト	main
解説	ワーカプロセスを特定のCPUコアに割り当てる

　CPUの割り当ては、各プロセスをどのCPUコアに割り当てるか2進数
のビットマスクで指定します。ビットマスクでは1で指定したコアが使用
され、0で指定したコアは使用されません。4つCPUコアがあるマシンで
1番目のコアのみを使用する場合は「1000」と指定します。次の例では4つの
コアに対して、4つのワーカプロセスがそれぞれ1つずつCPUコアを使用
します。

```
worker_cpu_affinity 0001 0010 0100 1000;
```

58

まとめ **3.5**

　通常、`worker_cpu_affinity`ディレクティブによってCPUの割り当てを指定する必要性は低いため、CPUリソースが枯渇しつつある環境において、どうしても最高のパフォーマンスが必要になる場合のみ指定しましょう。

pcre_jitディレクティブ

　`pcre_jit`ディレクティブの書式は**書式3.26**のとおりです。

書式3.26 pcre_jitディレクティブ

構文	**pcre_jit** on | off;
デフォルト値	off
コンテキスト	main
解説	PCREのJIT機能を有効／無効にする

　PCREライブラリではバージョン8.20以降でJITコンパイルが使用できます。`pcre_jit`ディレクティブを指定することで正規表現のJITコンパイルを有効にでき、正規表現の処理速度を向上させることができます。

　PCREライブラリを動的リンクで使用する場合、PCREのビルド時に`--enable-jit`オプションを指定する必要があります。PCREライブラリの組込み方法については、第2章「PCREのJIT機能を利用するには」(20ページ)を参照してください。

3.5

まとめ

　本章ではnginxの動作に必要な基本的な設定の記述方法について説明しました。設定ファイルにおけるディレクティブとコンテキストの概念は、nginxの基本的な概念です。このコンテキストを理解することで柔軟な設定が可能になります。どのコンテキストにどのディレクティブが有効になるか理解することで、複雑な動作を記述できるでしょう。

　また、ここで説明したディレクティブはHTTPサーバを構築する基本的

59

な設定です。それぞれの挙動を理解できているとよいでしょう。以降の章
では、静的ファイルの配信、Webアプリケーションサーバなど、より具体
的な用途を想定した設定例を紹介していきます。

第**4**章

静的なWebサイトの構築

第 **4** 章　静的な Web サイトの構築

第3章ではHTTPサーバとして動作させる基本的な設定、ディレクティブについて紹介しましたが、プロダクション環境において実際に静的ファイルを配信するHTTPサーバとして動作させるにはもう少し設定が必要です。

静的ファイルを配信するHTTPサーバとしての動作に必要な機能としては次のようなものがあります。

- 配信するファイルの指定
- エラー時に表示するページの指定
- アクセス制限
- ファイルパスの書き換え
- gzip圧縮転送

本章ではこれらの機能の設定方法について紹介し、サービス提供が行えるHTTPサーバの構築を目指します。

4.1

静的コンテンツの公開

全体の設定例を**リスト4.1**に示しました。具体的な設定を見ていきましょう。なおここから先の章では特に必要ない場合、nginx本体の動作を指定するディレクティブは省略し、httpディレクティブの内容のみを記載しています。nginx本体の動作に関する設定については第3章を参照してください。

リスト4.1　静的コンテンツを配信するサーバの設定例

```
http {
    include mime.types;
    default_type application/octet-stream;

    sendfile on;
    tcp_nopush on;

    keepalive_timeout 60;

    log_format main '$remote_addr - $remote_user [$time_local] "$request" '
```

62

静的コンテンツの公開 **4.1**

```
                        '$status $body_bytes_sent "$http_referer" '
                        '"$http_user_agent" "$http_x_forwarded_for"';

    server {
        listen 80;
        server_name www.example.com;

        access_log /var/log/nginx/www.example.com_access.log main;
        error_log /var/log/nginx/www.example.com_error.log;

        root /var/www/html;

        error_page 404 /404.html;
        error_page 500 502 503 504 /50x.html;

        location /images/ {
            root /var/www/img;
        }
    }
}
```

配信するファイルの指定

　まずはURIごとにどのファイルを配信するか設定しましょう。URIごと
に異なる設定を指定するためにはlocationディレクティブを使用します(**書
式4.1**)。locationディレクティブのブロック内に記述した設定は、URIが
マッチしたリクエストだけで使用されます。

書式4.1 locationディレクティブ

構文	**location** [= | ~ | ~* | ^~] URI { … }
	location @名前付きロケーション名 { … }
デフォルト値	なし
コンテキスト	server、location
解説	マッチするURIごとに設定を指定する

　リスト4.2の例を見てみましょう。

第 **4** 章　静的なWebサイトの構築

リスト4.2　locationディレクティブによる設定の例

```
server {
    server_name www.example.com;

    root /var/www/html; ❶

    location /images/ {
        root /var/www/img; ❷
    }
}
```

　locationディレクティブはデフォルトでは前方一致でマッチングします。この例の場合、/images/以下のパスに対するすべてのリクエストに、指定したlocationコンテキスト（❷）内の設定が適用されます。その結果、/images/にマッチするURIには❶のrootディレクティブが適用され、リクエストされるURIと返されるファイルパスは**表4.1**のようになります。

表4.1　リスト4.2の設定におけるリクエストURIと返されるファイルパス

リクエストURI	返されるファイルパス
http://www.example.com/index.html	/var/www/html/index.html
http://www.example.com/docs/main.html	/var/www/html/docs/main.html
http://www.example.com/images/logo.png	/var/www/img/images/logo.png
http://www.example.com/images/main/logo.png	/var/www/img/images/main/logo.png

　URIの前には修飾子を指定できます。修飾子を指定することで、完全一致、正規表現によるURIのマッチングが可能になります。使用できる修飾子を**表4.2**に示しました。

表4.2　locationディレクティブで使用できる修飾子（上から優先度が高い）

修飾子	説明
=	完全一致
~	正規表現（大文字小文字を区別）
~*	正規表現（大文字小文字を区別しない）
なし	前方一致
^~ [※1]	前方一致 [※2]

※1　^~修飾子の扱いについては後述します。
※2　ただし前方から評価し一致したら以降の正規表現を評価しません。

64

静的コンテンツの公開 **4.1**

locationディレクティブの優先順位

locationディレクティブは複数個並べて書くことができます。修飾子による優先度は表4.2に示しましたが、同じ修飾子の場合は次のように評価されます。

- 条件にマッチする範囲がより厳密である（Longest Matching：より長い文字数にマッチした）設定が優先される
- 同じ優先度の場合は上から順に評価し、マッチしたものが使われる
- ^~修飾子の設定にマッチした場合はそれ以降のlocationディレクティブが評価されず、^~修飾子の設定が使われる

より詳しい例を見てみましょう。

▋前方一致のディレクティブを複数書いた場合

まず前方一致のディレクティブを複数書いた場合を見てみましょう。このときlocationディレクティブは記述した順番にかかわらず、文字数が長い記述が優先されます。次のように2つのlocationディレクティブを書いた場合、優先順位は❷→❶の順になります。

```
location / {      ❶
    root /var/www/html;
}
location /web2 {  ❷
    root /var/www/html2;
}
```

▋前方一致を優先させる方法

正規表現と前方一致を混ぜて記述した場合はどうでしょうか。たとえばPHPで書いたアップローダを設置するために、次のような設定を書いたとします[注1]。

```
# アップロードされたファイルはupload_dirに保存
location /uploads {  ❶
    root /var/www/upload_dir;
```

注1　FastCGIプロトコルによるPHPの実行については第6章にて説明します。

```
    }

    # phpファイルを実行する
    location ~* \.php {  ❷
        fastcgi_pass localhost:9000;
        …
    }
```

　このとき、この設定を書いたエンジニアは次のような挙動を期待してい
るでしょう。

- **PHPスクリプトへのリクエストはFastCGIプロトコル経由で、PHPアプリケ
ーションが実行される**
- **/uploads以下のURIへのリクエストは**/var/www/upload_dir**に配置された静的
ファイルが配信される**

　しかし実際の挙動は違います。この場合前方一致(❶)より正規表現マッ
チ(❷)の優先度が高いため、正規表現マッチ(❷)が優先されます。upload_
dirディレクトリにevil.phpがアップロードされた場合、/uploads/evil.
phpをリクエストすることで任意のPHPスクリプトを実行できてしまいま
す。任意のスクリプトをアップロードし実行できる状況は、大きな脆弱性
につながります。
　この問題を防ぐには、^~修飾子の前方一致を使用します。前述したよう
に^~修飾子の付いた前方一致は、それ以降のlocationディレクティブを処
理しない、という意味を持ちます。^~修飾子を使うことで、/uploadsにマ
ッチした時点でそれ以降のlocationディレクティブは評価されなくなり、
/uploads/evil.phpが実行されてしまうのを防ぐことができます。

```
# アップロードされたファイルは/var/www/upload_dir/uploadsに保存される
location ^~ /uploads {
    root /var/www/upload_dir;
}

# phpファイルを実行する
location ~* \.php {
    fastcgi_pass localhost:9000;
    …
}
```

静的コンテンツの公開 **4.1**

locationディレクティブのネスト

　優先順位をよりわかりやすくする書き方としてlocationディレクティブ
をネストする（入れ子にする）方法もあります。先ほどのPHPスクリプトの
例を見てみましょう。PHPスクリプトを指定する際、より広いlocationデ
ィレクティブ内にネストさせることで/uploadsディレクトリ内のPHPス
クリプト実行を抑止できます（**リスト4.3**）。

　❶と**❷**のlocationディレクティブは同じ前方一致マッチングなので、マ
ッチする範囲がより厳密である**❶**が優先され、優先度は**❶**→**❷**になりま
す。.phpの拡張子を正規表現マッチングで指定している**❸**は**❷**にマッチし
た場合にのみ評価されます。そのため、/uploadsにマッチしたリクエスト
がマッチすることはありません。

リスト4.3 locationディレクティブをネストさせることでPHPスクリプトの実行を抑
止する

```
# アップロードされたファイルは/var/www/upload_dir/uploadsに保存される
location /uploads {  ❶
    root /var/www/upload_dir;
}

location / {  ❷
    # phpファイルはFastCGIにプロキシする
    location ~* \.php {  ❸
        fastcgi_pass localhost:9000;
        …
    }
}
```

特定の条件で使用するファイル

　HTTPサーバでは静的ファイルを配信する以外に次のような動作が必要
になります。

- **ディレクトリのURIが指定された場合にインデックスページを表示**
- **存在しないファイルのURIがリクエストされた場合にエラーページを表示**

　これらの特別なページは、それぞれ専用のディレクティブで指定します。

67

第 **4** 章　静的なWebサイトの構築

■ **インデックスページの指定**

　ディレクトリにアクセスされた場合に表示するページをインデックスページと呼びます。インデックスページのファイル名には一般的にindex.htmlが使用されます。デフォルトではhttp://www.example.com/にアクセスした場合に、http://www.example.com/index.htmlを応答します。indexディレクティブを用いることでインデックスページとして応答するファイルを指定できます（**書式4.2**）。

書式4.2　indexディレクティブ

構文	**index** ファイル …;
デフォルト値	index.html
コンテキスト	http、server、location
解説	インデックスページを指定する

　インデックスページは複数のパスを指定でき、前から順に参照され、見つからなかったら次のパスを参照します。たとえば次の例を見てみましょう。

```
index main.html index.html /index.html;
```

　http://www.example.com/files/to/にアクセスされた場合を考えてみましょう。**表4.3**にそれぞれのパラメータで参照されるパスを示しました。まず/files/to/main.htmlが参照され、見つからなかった場合/files/to/index.htmlが参照されます。どちらも見つからなかった場合、ルートの/index.htmlが参照されます。

表4.3　indexディレクティブで参照されるファイル（上から優先度が高い）※

パラメータ	参照されるURI
main.html	/files/to/main.html
index.html	/files/to/index.html
/index.html	/index.html

※http://www.example.com/files/to/にリクエストされた場合の例です。

■ **インデックスページの自動生成**

　autoindexディレクティブを使用することでインデックスページを自動

68

的に作成できます（**書式4.3**）。これを有効にすることで、ディレクトリ内のファイルリストを自動的に生成します。

書式4.3 autoindexディレクティブ

構文	**autoindex** on | off;
デフォルト値	off
コンテキスト	http、server、location
解説	インデックスページの自動作成を有効／無効にする

このディレクティブは社内などのファイルサーバに使用するには便利な設定ですが、外部に公開するとディレクトリ内のすべてのファイルを参照できるようになってしまう問題があります。一般的にインターネットに公開するサービスで使用することは少ないでしょう。nginxではIPアドレスやBasic認証などを用いてローカルエリアなどの制限されたユーザに対しHTTPサーバを公開できます。これについてはのちほど「アクセス制限の設定」（71ページ）で説明します。

■ エラーページの指定

エラー時に表示するページを指定するにはerror_pageディレクティブを使用します（**書式4.4**）。エラーページはファイルが存在しない場合やサーバ内でエラーが発生した場合にレスポンスとして表示されるページです。

書式4.4 error_pageディレクティブ

構文	**error_page** ステータスコード … [= [応答するステータスコード]] エラーページのURI;
デフォルト値	なし
コンテキスト	http、server、location、location中のif
解説	エラー時に表示するページを指定する

エラーページの指定はHTTPステータスコードごとに行います。nginxで応答する代表的なHTTPステータスコードを**表4.4**に示しました。

第 **4** 章　静的なWebサイトの構築

表4.4　nginxで使用される代表的なエラーステータスコード

コード	説明
400 (Bad Request)	不正なリクエスト
403 (Forbidden)	禁止されているリクエスト
404 (Not Found)	リソースが見つからなかった
500 (Internal Server Error)	サーバ内でエラーが発生した
502 (Bad gateway)	不正なゲートウェイ
503 (Service Unavailable)	サービスが一時的に利用できない
504 (Gateway Timeout)	ゲートウェイが応答せずタイムアウトした

　次の例では、ステータスコード404(Not Found)の場合に/404.html、500
(Internal Server Error)、502 (Bad Gateway)などサーバ内部のエラーの
場合に/50x.htmlを返します。

```
error_page 404 /404.html;
error_page 500 502 503 504 /50x.html;
```

　URIをフルパスで指定すると、ステータスコード302 (Found)でリダイ
レクトさせることができます。

```
error_page 404 http://www.example.com/not_found.html;
```

　応答するステータスコードを明示的に指定することも可能です。たとえ
ばステータスコード302 (Found：一時的な移動)ではなく301 (Moved
Permanently：恒久的な移動)を指定してリダイレクトすることもできます
し、リクエストが成功したかのようにステータスコード200(OK)を応答す
ることもできます。

```
error_page 404 = 200 /empty.gif;
```

　エラーページに指定したページが出力するステータスコードを使用した
い場合は=のみを指定します。たとえば、error.phpの出力するステータス
コードを使いたい場合次のように指定します。

```
error_page 404 = /error.php;
```

アクセス制限の設定 **4.2**

4.2

アクセス制限の設定

　ここまで静的ファイルを配信する際のいくつかの設定について説明しました。次にアクセス制限の設定について説明していきます。nginxで設定できるアクセス制限には次のものがあります。

- 接続元IPアドレスによる制限
- Basic認証による制限
- 大量リクエストの制限

接続元IPアドレスによる制限

　IPアドレスによる制限を利用すると、特定ネットワークからの接続のみを許可または拒否できます。これは社内ネットワークなど特定のネットワークからのみ閲覧できるWebサイトの構築に利用できます。また、不正なトラフィックを送信するネットワークをブロックすることもできます。

　IPアドレスによるアクセス制限の方法にはいくつかありますが、ngx_http_access_moduleで定義されているallow、denyディレクティブ（**書式4.5、書式4.6**）を使用することで比較的簡単に設定できます。ngx_http_access_moduleはnginxにデフォルトで組み込まれておりそのまま利用可能です。

書式4.5 allowディレクティブ

構文	**allow** 許可するアドレス | 許可するCIDR | unix: | all;
デフォルト値	なし
コンテキスト	http、server、location、limit_except
解説	アクセスを許可するネットワークやアドレスを指定する

71

第 **4** 章　静的なWebサイトの構築

書式4.6	denyディレクティブ
構文	**deny** 拒否するアドレス | 拒否するCIDR | unix: | all;
デフォルト値	なし
コンテキスト	http、server、location、limit_except
解説	アクセスを拒否するネットワークやアドレスを指定する

　allowディレクティブでは許可するアドレスを、denyディレクティブで
は拒否するアドレスを指定します。**表4.5**に指定方法の例を示しました。ア
ドレスの指定にはIPアドレスまたはCIDR(*Classless Inter-Domain Routing*)
ブロックが使用できます。unix:は特別な意味を持ち、UNIXドメインソ
ケットすべてを許可、または拒否します。これはUNIXドメインソケット
とTCP/IPの両方でlistenしている場合に有用です。特定のUNIXドメイ
ンソケットファイルを対象にする指定はできません。すべてのアドレスを
対象にする場合はallを指定します。

| 表4.5 | IPアドレスの指定方法 |

指定方法	説明	例
アドレス	特定の単一アドレスを指定	192.0.2.1、2001:db8::1234
CIDR	CIDRブロックでアドレス範囲を指定	192.0.2.0/24、2001:db8::/32
unix:	すべてのUNIXドメインソケットを指定	unix:

▌特定のアドレスを拒否──ブラックリスト方式

　allow、denyディレクティブを組み合わせることでさまざまなアクセス
制御を実現できます。このディレクティブは上から順に処理されます。特
定のアドレスのみを拒否する場合(ブラックリスト)は、denyディレクティ
ブに拒否したいアドレスを指定し、その次にallowディレクティブでallパ
ラメータを指定することで、その他すべてのアドレスを許可するよう設定
します。たとえば**リスト4.4**の設定では、一部の指定したIPアドレスから
のリクエストのみをブロックします。

| リスト4.4 | ブラックリスト方式による制限の例 |

```
location / {
    deny 192.0.2.1;   # 192.0.2.1からのアクセスを拒否
    deny 192.0.2.100; # 192.0.2.100からのアクセスを拒否
```

```
    allow all;        # ほかのすべてのアドレスを許可
}
```

特定のアドレスを許可──ホワイトリスト方式

　特定のアドレスのみを許可する場合（ホワイトリスト）は、先ほどと逆の順でallowディレクティブで許可したいアドレスを指定し、denyディレクティブにallパラメータを指定します。**リスト4.5**の例では特定の2つのIPアドレスからのリクエストのみを許可し、その他すべてをブロックします。

リスト4.5　ホワイトリスト方式による許可の例

```
location /restricted {
    # 192.0.2.1、192.0.2.2からのリクエストのみを許可する
    allow 192.0.2.1;
    allow 192.0.2.2;
    deny all;
}
```

複雑なアクセス制限

　これまでに説明したブラックリスト方式とホワイトリスト方式を組み合わせることも可能です。たとえば、特定のアドレス（192.0.2.1）を拒否したいが、192.0.2.0/24（192.0.2.0〜192.0.2.255）に含まれるそれ以外のアドレスを許可したい場合を考えましょう。

　リスト4.6の例では、192.0.2.1は❶、❷にマッチしますが、記述順に従い❶が優先されリクエストが拒否されます。192.0.2.2は❷にだけマッチするため許可されます。192.0.2.0/24のCIDRに含まれないアドレスは❸にマッチするため拒否されます。このように、allow、denyディレクティブは記述した順に評価され、先にマッチした指定が優先されます。評価順を指定することはできないため、複雑なアクセス制限を行う場合は順番に気を付けて記述しましょう。

リスト4.6　ブラックリスト方式とホワイトリスト方式を組み合わせる

```
location /restricted {
    deny  192.0.2.1;       ❶
    allow 192.0.2.0/24;    ❷
    deny  all;             ❸
}
```

第**4**章 静的なWebサイトの構築

Basic認証による制限

Basic認証は最も簡単なパスワード認証の一つです。ほぼすべてのブラウザが対応しており、認証用画面を作成することなくパスワード認証を行うことができます。nginxではデフォルトで組み込まれている`ngx_http_auth_basic_module`を使用してBasic認証を利用できます。

Basic認証を設定するにはauth_basicディレクティブ(**書式4.7**)とauth_basic_user_fileディレクティブ(**書式4.8**)を使用します。

書式4.7 auth_basicディレクティブ

構文	**auth_basic** 認証領域名 | off;
デフォルト値	off
コンテキスト	http、server、location、limit_except
解説	Basic認証の認証領域名を指定し、Basic認証を有効／無効にする

書式4.8 auth_basic_user_fileディレクティブ

構文	**auth_basic_user_file** ファイルパス;
デフォルト値	なし
コンテキスト	http、server、location、limit_except
解説	Basic認証のユーザ名とパスワードを記述したファイルを指定する

auth_basicディレクティブにはBasic認証における認証領域名、auth_basic_user_fileディレクティブにはユーザ名とパスワードを記述したファイルを指定します。

▌パスワードファイルの生成

パスワードファイルはApache HTTPサーバの`.htpasswd`ファイルと互換性があります。パスワードファイルのフォーマットを**リスト4.7**に示しました。

リスト4.7 パスワードファイルの書式

```
# シャープから始まる行はコメントとして扱われる
username:password # ユーザ名:暗号化したパスワード
username:password:comment # ユーザ名:暗号化したパスワード:コメント
```

パスワードはcrypt()で暗号化されています。cyrpt()による暗号化は openssl passwdコマンドにより実行できます。

```
$ openssl passwd パスワード
```

またApacheに付属しているhtpasswdコマンドを使用することでも、パスワードファイルを生成できます[注2]。

```
$ htpasswd -c ファイルパス username
New password: パスワードを入力
Re-type new password: もう一度パスワードを入力
Adding password for user username
```

大量リクエストの制限

全世界に向けて公開しているWebページでは、しばしば不正なユーザから大量のリクエストが送信され、サーバのリソースを使い果たし、結果として健全なリクエストに対しても応答できなくなってしまうことがあります。このような攻撃は一般にDoS (*Denial of Service*、サービス拒否) 攻撃と呼ばれます。DoS攻撃からサーバを守るためには大量のリクエストを制限する必要があります。

nginxには2種類のリクエスト制限の方法があります。

- **同時コネクション数の制限**
- **時間あたりのリクエスト数の制限**

それぞれ制限できるリクエストに違いがあるため、性質を理解して設定しましょう。

同時コネクション数の制限

ngx_http_limit_conn_moduleは指定したキーごとに同時コネクション数を制限できます。これは特定のIPアドレスなど特定の送信元から大量のリクエストによる攻撃が行われた場合にリクエストを拒否する手段として有効です。この設定にはlimit_conn_zoneディレクティブ(**書式4.9**)とlimit_connディレクティブ(**書式4.10**)を使用します。

注2 Debian GNU/Linuxではapache2-utilsパッケージに含まれています。

第 **4** 章　静的なWebサイトの構築

書式4.9 limit_conn_zoneディレクティブ

構文	**limit_conn_zone** キー名 zone=ゾーン名:サイズ;
デフォルト値	なし
コンテキスト	http
解説	同時コネクション数をカウントするためのゾーンを作成する

書式4.10 limit_connディレクティブ

構文	**limit_conn** ゾーン名 最大コネクション数;
デフォルト値	なし
コンテキスト	http、server、location
解説	同時コネクション数を制限する

サンプルを**リスト4.8**に示しました。

リスト4.8 リモートアドレスごとのコネクション数を制限する例

```
http {
    limit_conn_zone $binary_remote_addr zone=addr_limit:10m; ❶

    server {
        location / {
            limit_conn addr_limit 100; ❷
        }
    }
}
```

limit_conn_zoneディレクティブ(❶)では、カウントするキーとゾーン名、テーブルのサイズを指定します。リスト4.8の例では、リモートアドレスのテーブルをaddr_limitというゾーン名で共有メモリに10MB確保します。$binary_remote_addr変数はバイナリ表現でのリモートアドレスを含んでおり、IPv4の場合32ビット(4バイト)になります。そのため、ログなどで使用する$remote_addr変数(最大15バイト)に比べ、使用するメモリ容量を抑えることができます。

limit_connディレクティブ(❷)は、ゾーン名と最大コネクション数を指定します。リスト4.8の例では、リモートアドレスあたり最大100コネクションまで許可します。100コネクションを超えた場合、サーバはHTTPステータスコード503(Service Unavailable)を出力します。

76

アクセス制限の設定 **4.2**

■ 時間あたりリクエスト数の制限

ngx_http_limit_req_moduleを利用すると時間あたりのリクエスト数を制限できます。これは大きなファイルへの時間あたりのリクエスト数を制限して、一部のリクエストが帯域を使い切らないようにするために使用できます。リクエストが制限された場合はHTTPステータスコード503（Service Unavailable）を出力します。設定にはlimit_req_zoneディレクティブ（**書式4.11**）とlimit_reqディレクティブ（**書式4.12**）を使用します。

書式4.11 limit_req_zoneディレクティブ

構文	**limit_req_zone** キー名 zone=ゾーン名:サイズ rate=レートr/s;
デフォルト値	なし
コンテキスト	http
解説	リクエスト数のレートを記録するためのゾーンを作成する

書式4.12 limit_reqディレクティブ

構文	**limit_req** zone=ゾーン名 [burst=バースト値] [nodelay];
デフォルト値	なし
コンテキスト	http、server、location
解説	時間当たりのリクエスト数を制限する

limit_req_zoneディレクティブにはリクエスト回数の最大レートを指定します。最大レートは秒間リクエスト（r/s）で指定します。burstパラメータを指定すると、burstパラメータに指定した数のリクエストをキューイングし、遅延させて最大レートに収まるように処理します。

リクエスト数の制限にはleaky bucketアルゴリズムが使用されています。**図4.1**にアルゴリズムの模式図を示しました。

burstパラメータで指定した数のキューがあり、そこから指定したレートでリクエストを取り出します。limit_reqディレクティブにnodelayパラメータが指定されていた場合、キューイングする動作自体に変わりはありませんが、burstパラメータのキューに積まれた時点でリクエストが処理されるようになります。

リスト4.9に例を示しました。

77

図4.1　leaky bucketアルゴリズムの模式図

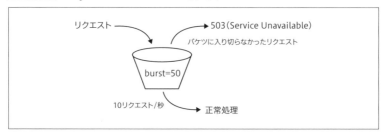

リスト4.9　リクエスト数の制限

```
http {
    limit_req_zone $binary_remote_addr zone=addr_limit:10m rate=10r/s; ❶

    server {
        location /download/ {
            limit_req zone=addr_limit burst=50; ❷
        }
    }
}
```

　ここでは❶でリモートアドレスあたり秒間10リクエストまで許可するように指定し、❷でburstパラメータを指定しています。この場合、秒間10リクエストまでは許可され、それを超えると50リクエストまではキューに追加されます。キューに入らなかったリクエストにはHTTPステータスコード503（Service Unavailable）を出力します。

▍nginxでは対応できないDoS攻撃

　nginxでは、DoS攻撃に対して同時コネクション数や時間あたりのリクエスト数による対策しかとることができません。そのため、より低レベルでの攻撃に対してはほかのアプローチが必要になります。nginxで対策できないDoS攻撃には次のようなものがあります。

- **TCPの脆弱性を利用した攻撃（例：SYN flood攻撃）**[注3]
- **ボットネットなど多数のコンピュータを用いて、大量のパケットを送信することにより回線帯域を埋め尽くすDDoS（*Distributed Denial of Service*、分散型サービス拒否）攻撃**

注3　http://www.ipa.go.jp/security/vuln/vuln_TCPIP.html

リクエストの書き換え **4.3**

　これらのDoS攻撃への対応としては、OSレベルでの対策、または各回線キャリアが提供するDoS攻撃対策サービスなどを利用する必要があります。

4.3

リクエストの書き換え

　HTTPサーバではリクエストされたファイルを直接応答するだけでなく、リクエストを書き換えて別のファイルを応答する必要がある場合があります。たとえば次のような場合が考えられるでしょう。

- 特定ディレクトリ以下へのアクセスはすべてエラーレスポンスを返したい
- リクエストされるURIとファイルパスを別のものにしたい
- リニューアルの際にページ名を変更したので、古いURIにアクセスされた場合新しいページ名にリダイレクトしたい

　ほかにも運用上どうしても複雑な書き換えを行わなければならないことがあるでしょう。このような際に有用なのがngx_http_rewrite_moduleで定義されているディレクティブです。

特定のステータスコード

　処理を実行せずに特定のステータスコードページを応答するにはreturnディレクティブ（**書式4.13**）を使用します。

書式4.13 returnディレクティブ

構文	`return` ステータスコード [文字列];
	`return` [ステータスコード] URI;
デフォルト値	なし
コンテキスト	server、location、if
解説	特定のステータスコードページを応答する

79

第**4**章　静的なWebサイトの構築

■ エラーページの表示

特定のページにアクセスされた場合に必ずHTTPステータスコード404
（Not Found）を応答する場合、次のように記述します。

```
location /secret/ {
    return 404;
}
```

表示されるエラーページはerror_pageディレクティブで指定できますが、
特定の文字列を応答することもできます。変数を用いることでデバッグの
用途にも使用できます。

```
location /debug/ {
    return 200 "accessed to $server_name:$server_port$uri";
}
```

また、特別なステータスコードとして444があります。これはHTTP標
準にはないnginx独自のステータスコードです。444を指定した場合はレ
スポンスヘッダを応答することなく接続を強制的に終了します。

```
location /close {
    return 444;
}
```

■ リダイレクト

URIを指定することで特定のURIへリダイレクトさせることも可能です。
ステータスコードを省略してURIを指定した場合、HTTPステータスコー
ド302（Found）が使用されます。恒久的なページの移動であることをブラ
ウザや検索エンジンのクローラに伝えるためにはHTTPステータスコード
301（Moved Permanently）を指定しましょう。

```
location /closed/ {
    return 301 http://new-site.example.com/;
}
```

リクエストURIの書き換え

リクエストされたURIを書き換えるためにはrewriteディレクティブが
使用できます（**書式4.14**）。

リクエストの書き換え **4.3**

書式4.14 rewriteディレクティブ

構文	**rewrite** 正規表現 置換後の文字列 [フラグ];
デフォルト値	なし
コンテキスト	server、location、if
解説	リクエストURIを書き換える

rewriteディレクティブは、正規表現にマッチしたリクエストURIを別の文字列に置換します。正規表現にはPCREで定義されているものが使用できます[注4]。

グルーピングを用いて特定文字列をマッチさせて置換後の文字列に利用することも可能です。グルーピングを用いた場合、最初のグループにマッチした文字列を$1、2番目にマッチした文字列を$2…といった具合に使用できます。

名前付きグループを使うこともできます。名前付きグループを使用した場合はその名前の変数が使用できます。たとえば、次の2行はどちらも同じ動作を示します。

```
# グルーピングの例
rewrite ^/images/([^/]+)/(.+\.jpg)$ /contents/$1/jpg/$2;

# 名前付きグループの例
rewrite ^/images/(?<dir>[^/]+)/(?<name>.+\.jpg)$ /contents/$dir/jpg/$name;
```

rewriteディレクティブへのフラグの指定

rewriteディレクティブの第3パラメータにはフラグを指定できます。使用できるフラグを**表4.6**に示しました。

lastとbreakは一見同じように見えますが、breakフラグを使用した場合、以降のlocationコンテキストのマッチングが行われなくなります。**リスト4.10**の例を見てみましょう。

注4　PCREはPerl 5互換の正規表現構文を提供します。文法を確認するには次のマニュアルを参照してください。
http://perldoc.perl.org/perlre.html

第4章　静的なWebサイトの構築

表4.6　rewriteディレクティブのフラグ

フラグ	動作
（指定なし）	URIを書き換え、ngx_http_rewrite_moduleの処理を継続する
last	URIを書き換えたあとこのコンテキストのngx_http_rewrite_moduleの処理を終了し、再度マッチングを行う
break	URIを書き換えたあとこのコンテキストのngx_http_rewrite_moduleの処理を終了する
redirect	302 (Fonund)によるリダイレクトを行う
permanent	301 (Moved Permanently)によるリダイレクトを行う

リスト4.10　rewriteディレクティブの例

```
誤った例
location /image/ { ❶
    rewrite ^/image/(.+\.jpg)$ /image/jpg/$1 last; ❷
}

正しい例
location /download/ { ❸
    rewrite ^/download/(.+\.zip)$ /download/zip/$1 break; ❹
    return 403; ❺
}
```

❶のブロックにはrewriteディレクティブ（❷）が記述されています。これは一見正しい記述に見えますが、実際にアクセスすると少し時間がかかったあとにHTTPステータスコード500 (Internal Server Error)が出力されます。これはURIを書き換えたあと、もう一度locationのマッチングが行われるからです。❷のrewriteディレクティブで書き換えられたURIは❶location /image/にマッチしてしまうため無限に書き換え処理が行われてしまいます。実際には、10回ループした時点でnginxが処理を中断しHTTPステータスコード500 (Internal Server Error)を出力します。

正しくは❹のようにbreakフラグを指定します。breakフラグを指定した場合、locationの再マッチは行われずそのlocationコンテキストだけ処理が続けられます。ngx_http_rewrite_moduleの処理はすでに中断されているため、❺のreturnディレクティブは実行されません。❹にマッチしなかった場合のみ❺のreturnディレクティブが実行され、HTTPステータスコード403 (Forbidden)のエラーページが出力されます。

■ 不必要なrewriteディレクティブ

rewriteディレクティブは正規表現を使用するため非常に柔軟性が高い表現が可能ですが、常に最適な記述方法とは限りません。たとえば次の例を見てみましょう。

```
location /content {
    rewrite ^/(.+)$ http://content.example.com/$1 permanent;
}
```

上記の例は/content以下へのリクエストに対し正規表現マッチングを行い、content.example.comにリダイレクトさせようとしています。この処理はドメインの部分だけ書き換えてリダイレクトを行っている処理です。リクエストされたURIのパス部分は$request_uri変数で取得できるため、次のように書き換えることができます。

```
location /content {
    rewrite ^ http://content.example.com$request_uri? permanent;
}
```

さらに、returnディレクティブを使用すれば正規表現マッチングを完全になくすことができます。

```
location /content {
    return 301 http://content.example.com$request_uri;
}
```

returnディレクティブはその時点で処理をやめ、指定されたHTTPステータスコードを出力します。rewriteディレクティブを用いた場合、正規表現によりどのようにURIが書き換えられるのか考慮する必要がありますが、returnディレクティブは指定した内容を返すだけなので、処理の内容がわかりやすく考えることが少なくて済みます。また正規表現マッチングを行う必要がないため、nginxのリクエスト処理もrewriteディレクティブの処理に比べ高速です。設定ファイルをクリーンに保つため、rewriteディレクティブを使わなくてよいのであれば避けるのが賢明です。

ifディレクティブとsetディレクティブによる複雑な処理

ここまでリクエストURIによる処理の書き換えを説明してきましたが、より複雑な書き換えが必要になるかもしれません。たとえばiPhoneなどの

第**4**章 静的なWebサイトの構築

特殊なユーザエージェントの場合、特定のURIにリダイレクトさせたいケースなどが考えられます。このような書き換えを実現するのがifディレクティブです（**書式4.15**）。

書式4.15 ifディレクティブ

構文	**if**（条件式）{ … }
コンテキスト	server、location
解説	条件式を満たした場合のみブロック内の処理を実行する

ifディレクティブでは条件に一致した場合のみngx_http_rewrite_moduleのディレクティブを実行できます。たとえば、特定のユーザエージェントの場合にリダイレクトを行うには、次のように記述できます。ユーザエージェントにiPhoneを含むときにリダイレクトを行うように記述しています[注5]。

```
location / {
    if ($http_user_agent ~ "iPhone") {
        return 301 http://mobile.example.com;
    }
}
```

演算子は**表4.7**に示したものが使用できます。演算子の前に感嘆符(!)を指定すると否定文として扱われます。たとえば$a = "str"の否定は$a != "str"になります。-fの場合は!-fとなります。

表4.7 ifディレクティブで使用できる演算子

演算子	説明
$a = "b"	文字列一致
$a ~ b	正規表現マッチ
$a ~* b	正規表現マッチ（大文字小文字を区別しない）
-f パス	指定したパスにファイルが存在するか
-d パス	指定したパスはディレクトリかどうか
-e パス	指定したパスはファイル、またはシンボリックリンクかどうか
-x パス	指定したパスは実行形式かどうか

注5　nginxでは文字列の比較に完全一致、または正規表現マッチのみ使用できます。ここでは、「iPhone」という文字がユーザエージェントに含まれているかどうか部分一致を行うために、正規表現マッチを使用しています。

リクエストの書き換え **4.3**

■ ファイルの確認

表4.7に示したように、ifディレクティブではファイルの存在を確認できます。これを利用すればnginxの設定を読み込みなおすことなく、ファイルが存在するかどうかで処理を切り替えることができます。この機能はページの切り替えに便利です。たとえば次のように設定しておくことで、特定ファイルが存在した場合のみそのファイルを表示でき、メンテナンスや緊急のお知らせページに利用できます。

```
location / {
    # emergency_info.htmlがあれば表示
    if (-f "$document_root/emergency_info.html") {
        rewrite ^ /emergency_info.html break;
    }
}
```

■ 複雑な条件分岐

nginxのifディレクティブには、複雑な条件を記述できないという制限があります。たとえば論理積(AND)や論理和(OR)のような表現は記述できません。また、nginxにelseディレクティブは存在しません。

代用として、いったん変数にセットすることにより複雑な条件分岐を実現できます。変数をセットするにはsetディレクティブを使用します(**書式4.16**)。

書式4.16 setディレクティブ

構文	**set** $変数名 値;
デフォルト値	なし
コンテキスト	server、location、if
解説	nginxの内部変数に文字列を代入する

たとえば次の例を考えましょう。

```
location / {
    if ($http_user_agent ~ "iPhone") {
        return 301 http://mobile.example.com;
    }
}
```

この例ではユーザエージェントにiPhoneが含まれていた場合mobile.

85

第 **4** 章　　**静的なWebサイトの構築**

example.comにリダイレクトしています。これを拡張し、iPadとiPodも対
象にしてみましょう。それぞれの条件でいったん変数に値をセットし、そ
の値を用いてリダイレクトを行います。

```
location / {
    set $redirect_to_mobile 0;

    if ($http_user_agent ~ "iPhone") {
        set $redirect_to_mobile 1;
    }

    if ($http_user_agent ~ "iPod") {
        set $redirect_to_mobile 1;
    }

    if ($http_user_agent ~ "iPad") {
        set $redirect_to_mobile 1;
    }

    if ($redirect_to_mobile) {
        return 301 http://mobile.example.com;
    }
}
```

　このようにifディレクティブとsetディレクティブを用いれば複雑な条
件分岐を実現できますが、複雑な記述を必要とするため使用は必要最低限
に抑えましょう。

▎リファラによる条件分岐

　よく使用する条件にリファラチェックがあります。リファラ(Referrer)
はリクエストヘッダのRefererフィールド[注6]に含まれており、どのページ
からリンクしたかを示しています。リファラによる条件分岐はvalid_
referersディレクティブ(**書式4.17**)を使用することでよりシンプルに書く
ことができます。

注6　英単語のリファラはreferrerと綴りますが、HTTP規格策定時のスペルミスのためリクエストヘッ
　　ダやnginxの設定ではrefererと綴ります。

86

gzip圧縮転送 **4.4**

書式4.17 valid_referersディレクティブ

構文	**valid_referers** none | blocked | server_names | リファラのパターン …;
デフォルト値	なし
コンテキスト	server、location
解説	有効なリファラのパターンを定義する

valid_referersディレクティブのマッチング結果は$invalid_referer変数にセットされ、すべてにマッチしなければ1になります。たとえば指定したリファラ以外が含まれるリクエストを拒否したい場合、次のように記述できます。リファラパターンにはワイルドカードのほかに正規表現も使用できます。

```
location /images/ {
    valid_referers *.www.example.com ~www[0-9]*.example.com;
    valid_referers *.www.example.jp;

    if ($invalid_referer) {
        return 403;
    }
}
```

valid_referersディレクティブを用いることで、ifディレクティブを1つしか必要とせず簡潔な記述が可能です。またvalid_referersディレクティブは上記例のようにvalid_referersディレクティブ自体を複数並べて記述することもできます。

4.4

gzip圧縮転送

ファイル転送を高速に行う方法としてgzip圧縮転送があります。gzip圧縮転送ではレスポンスボディを圧縮することで、転送量を削減しデータ転送時間を大幅に短縮できます。

nginxでのgzip圧縮転送にはリクエストのたびに動的に圧縮する方法と、あらかじめ圧縮ファイルを用意しておきリクエスト時にそのファイルを送

第 **4** 章　静的な Web サイトの構築

信する方法の2つがあります。

動的なgzip圧縮転送

gzip圧縮をリクエストのたびに行うにはgzipディレクティブを使用します(**書式4.18**)。

書式4.18 gzipディレクティブ

構文	**gzip** on | off;
デフォルト値	off
コンテキスト	http、server、location、location中のif
解説	gzip圧縮を有効／無効にする

gzipディレクティブを用いてgzip圧縮を行う場合に必要な基本的な設定は**リスト4.11**のようになります。

リスト4.11 gzipディレクティブによる圧縮

```
location / {
    gzip on;
    gzip_types text/css text/javascript
               application/x-javascript application/javascript
               application/json;
    gzip_min_length 1k;
    gzip_disable "msie6";
}
```

gzip_typesディレクティブ

圧縮する対象のファイルの種類はgzip_typesディレクティブを用いて指定します(**書式4.19**)。ファイルの種類はMIMEタイプを用いて指定します。パラメータにアスタリスク(*)を指定した場合すべてのファイルが圧縮対象になります。また、text/htmlは指定に関係なく常に圧縮されます。

書式4.19 gzip_typesディレクティブ

構文	**gzip_types** 圧縮するMIMEタイプ …;
デフォルト値	text/html
コンテキスト	http、server、location
解説	gzip圧縮対象のMIMEタイプを指定する

gzip_min_lengthディレクティブ

gzip_min_lengthディレクティブでは圧縮対象となるファイルの最小サイズを指定します（**書式4.20**）。ボディサイズはレスポンスヘッダのContent-Lengthヘッダフィールドを用いて判定されます。

書式4.20 gzip_min_lengthディレクティブ

構文	**gzip_min_length** 圧縮する最小ボディサイズ;
デフォルト値	20
コンテキスト	http、server、location
解説	gzip圧縮対象となるファイルの最小サイズを指定する

gzip_disableディレクティブ

gzip_disableディレクティブではgzip圧縮を無効にするユーザエージェントを指定します（**書式4.21**）。

書式4.21 gzip_disableディレクティブ

構文	**gzip_disable** 正規表現 …;
デフォルト値	なし
コンテキスト	http、server、location
解説	gzip圧縮を無効にするユーザエージェントのパターンを指定する

ユーザエージェントは正規表現で指定しますが、リスト4.11で指定した"msie6"は特別な意味を持ちます。"msie6"は"MSIE [4-6]\.(?!.*SV1)"の正規表現と同じ挙動を示しますが、より速く動作します。

Internet Explorer 6 SV1未満のバージョンにはgzip圧縮されたレスポンスの読み込みに失敗する不具合があります。この不具合を避けるため、Internet Explorer 6 SV1未満でgzip圧縮を無効にする"msie6"パラメータ

が用意されているのです。

あらかじめ用意した圧縮ファイルを転送

gzipディレクティブを指定した場合、リクエストのたびにファイルの圧縮処理が行われます。そのため、圧縮処理を行うCPU使用率の増加と、レスポンスの遅延が発生します。これを防ぐ方法として、あらかじめ圧縮したgzipファイルを用意しておき、ファイルがリクエストされたとき、gzip未対応のリクエストであれば未圧縮のファイルを、gzipに対応したリクエストであれば代わりにgzipファイルを転送する方法があります（**図4.2**）。

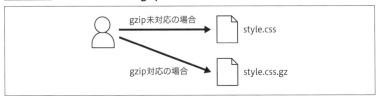

図4.2 静的ファイルによるgzip圧縮転送

あらかじめgzip圧縮した静的ファイルをgzip圧縮転送に用いるには、ngx_http_gzip_static_moduleを使用します。このモジュールはデフォルトでは組み込まれないため、ビルド時に--with-http_gzip_static_moduleを指定する必要があります[注7]。

静的ファイルを利用したgzip圧縮転送を有効にするには、gzip_staticディレクティブを使用します（**書式4.22**）。onを指定した場合、nginxはgzipファイルが存在するかを確認し、ブラウザが圧縮転送に対応していれば圧縮済みのgzipファイルを転送します。

書式4.22 gzip_staticディレクティブ

構文	`gzip_static on	off	always;`
デフォルト値	off
コンテキスト	http、server、location
解説	gzip圧縮済みファイルの転送を有効／無効にする

注7　第2章「インストール」（17ページ）を参照してください。

gzip圧縮転送　**4.4**

　gzip圧縮ファイルはファイル名の最後に .gz を付ける必要があります。たとえば、style.cssの場合、圧縮ファイル名はstyle.css.gzになります。gzipファイルの作成にはgzipコマンドが使用できます。

```
$ gzip -9 -k style.css
```

　より高圧縮を実現するためにZopfli[注8]を利用して圧縮することも可能です。

　gzip_staticディレクティブにalwaysを指定した場合、ブラウザが圧縮転送に対応しているかどうかをチェックすることなく圧縮済みファイルを読み込みます。この設定は後述するgunzipディレクティブと併せて指定します。

■ gzip圧縮転送が無効な場合の動的な解凍処理

　現在使用されているほとんどのブラウザではgzip圧縮転送を利用できますが、ごく一部のブラウザではgzip圧縮転送を利用できません。この一部のブラウザのためにgzipしていないファイルをサーバに用意しておくことはディスクスペースの無駄ですし、2つのファイルを管理しなければならなくなります。gunzipディレクティブを使用するとgzip圧縮転送に対応していない場合サーバ側で解凍処理を行い、それを返すことができます（**書式4.23**）。gzip圧縮転送に対応していないブラウザはごく一部のため、負荷の上昇なども最低限に抑えることができます。

書式4.23 gunzipディレクティブ

構文	**gunzip** on | off;
デフォルト値	off
コンテキスト	http、server、location
解説	gzip圧縮されたファイルの解凍処理を有効／無効にする。有効にするとクライアントがgzip圧縮転送に対応していない場合にのみ解凍処理が行われる

　gunzipディレクティブを使用する場合には、常に圧縮したgzipファイルを読み込むようにgzip_staticディレクティブにalwaysを指定しておく必要があります。

注8　https://github.com/google/zopfli

第 **4** 章　静的なWebサイトの構築

```
location / {
    gunzip on;
    gzip_static always;
}
```

　gunzipディレクティブは ngx_http_gunzip_module で定義されています
が、デフォルトでは組み込まれないため、ビルド時に --with-http_gunzip_
module を指定する必要があります。

4.5

まとめ

　本章では、静的ファイルを配信するHTTPサーバを構築するうえで必要
になる設定について見てきました。静的ファイルの配信はHTTPサーバの
基本となる機能です。ここで説明したディレクティブは次章以降で説明す
るアプリケーションサーバ、コンテンツ配信サーバにおいても利用する基
本的な設定になります。

　ここで紹介したようにHTTPサーバにはたくさんの機能が必要になり、
nginxはさまざまなモジュールによってこれらの機能を実現しています。
ここで紹介した以外のHTTPサーバの機能が必要になった場合は公式サイ
トのリファレンス[注9]を参照しましょう。

　ユーザのリクエストによって動作を変えるなど、動的なページ生成処理
を必要とする場合Webアプリケーションの実行が必要になります。次の章
ではWebアプリケーションを実行するサーバにおいてnginxがどのような
機能を持つのか紹介します。

注9　http://nginx.org/en/docs/

第 **5** 章

安全かつ高速な
HTTPSサーバの構築

第 5 章　安全かつ高速な HTTPS サーバの構築

　HTTPS は TLS（*Transport Layer Security*）によって提供される暗号化通信上で HTTP 通信を行う技術です。HTTPS を利用することで通信内容を暗号化し、盗聴、改ざんを防止するだけでなく、正しいサーバかどうか認証することでなりすましを防ぐことができます。

　nginx はいくつかの簡単な設定だけで HTTPS を有効にできますが、その状態では安全な HTTPS 通信を提供できているとは言いがたい状態です。本章では、安全かつ高速な HTTPS 通信を実現するために必要となるいくつかのポイントについて紹介します[注1]。

5.1
なぜHTTPS通信が必要なのか

　従来 HTTPS は、パスワード、個人に関する情報、クレジットカード情報など特に第 3 者により改ざん、盗聴されてはならない情報をやりとりする場合に使用されてきました。しかし現在では公衆 Wi-Fi など通信経路上での盗聴、改ざん、なりすましが容易な環境も多く、Web サイト全体をHTTPS にすることでセキュアな通信を実現し、改ざんを防止し、ページの発行元を保証することが一般的になりつつあります。Google も HTTPSを利用しているかどうかを検索のランキングアルゴリズムに取り入れることを発表しており[注2]、今後ますます HTTPS の重要性は高まっていくでしょう。HTTP の新しいバージョンである HTTP/2 に対応しているブラウザもすべて TLS 上での HTTP/2 のみをサポートしており、TLS を使うことが前提となっています。

注1　本稿は筆者が公開している次の記事を大幅に再構成、加筆したものです。
　　　我々はどのようにして安全な HTTPS 通信を提供すれば良いか
　　　http://qiita.com/harukasan/items/fe37f3bab8a5ca3f4f92
注2　http://googlewebmastercentral-ja.blogspot.jp/2014/08/https-as-ranking-signal.html

必要なモジュールと最低限の設定 **5.2**

5.2

必要なモジュールと最低限の設定

nginxでHTTPSを利用するにはngx_http_ssl_moduleが必要です。この
モジュールはデフォルトで有効にならないため、ビルド時に--with-http_
ssl_moduleを指定する必要があります。TLSを有効にするために必要な設
定は多くありません。サーバ証明書と秘密鍵を指定するだけでHTTPSを
有効にできます。必要な最低限の設定を**リスト5.1**に示します。

リスト5.1 HTTPSサーバの最低限の設定

```
server {
    listen 443 ssl; ❶
    server_name secure.example.com;

    ssl_certificate /etc/nginx/ssl/cert.pem;
    ssl_certificate_key /etc/nginx/ssl/cert.key;
    ssl_password_file /etc/nginx/ssl/cert.password;

    ...
}
```

TLSの有効化

HTTPSにおいて使用されるポートはTCP443番ポートです。第3章「バ
ーチャルサーバの定義」(40ページ)で示したように、nginxで443番ポー
トを使用するにはlistenディレクティブを用いますが、この443番ポート
でTLSを有効にするにはlistenディレクティブの値にsslパラメータを追
加する必要があります(リスト5.1❶)[注3]。

TLS証明書と鍵ファイルの指定

HTTPS通信では、認証局によって署名されたサーバ証明書とその秘密鍵が

注3　SSLは現在HTTPSで使用されているTLSのベースとなった規格です。本書ではTLSに表記を統一
　　　し// していますが、nginxのディレクティブやほかのWebサイトではいまだにSSLという呼称が使われ
　　　ています。

95

第 **5** 章　　安全かつ高速な HTTPS サーバの構築

必要です。サーバ証明書と秘密鍵はそれぞれ、ssl_certificate ディレクティ
ブ（**書式5.1**）、ssl_certificate_key ディレクティブ（**書式5.2**）で指定します。

書式5.1　ssl_certificate ディレクティブ

構文	**ssl_certificate** 証明書のファイルパス;
デフォルト値	なし
コンテキスト	http、server
解説	サーバ証明書を指定する

書式5.2　ssl_certificate_key ディレクティブ

構文	**ssl_certificate_key** 秘密鍵のファイルパス;
デフォルト値	なし
コンテキスト	http、server
解説	サーバ証明書の秘密鍵を指定する

　認証局によっては中間CA証明書を指定する必要がある場合もあります。
nginxではサーバ証明書は1つのファイルしか指定できませんが、1ファイ
ル内に複数の証明書を記述することで複数の証明書を利用できます。中間
CA証明書を指定する必要がある場合、サーバ証明書ファイルの末尾に中
間CA証明書を追記して使用します。

```
サーバ証明書（server_cert.pem）と中間CA証明書（intermediate_cert.pem）を結合
$ cat server_cert.pem intermediate_cert.pem > cert.pem
```

　TLSの秘密鍵にはセキュリティのためパスフレーズが設定されています。
nginxで秘密鍵を扱うためには、事前にパスフレーズを解除しておくか、
ssl_password_file ディレクティブを利用してパスフレーズを記入したファ
イルを指定する必要があります（**書式5.3**）。

書式5.3　ssl_password_file ディレクティブ

構文	**ssl_password_file** パスフレーズを記入したファイルパス;
デフォルト値	なし
コンテキスト	http、server
解説	サーバ証明書の秘密鍵のパスフレーズを指定する

パスフレーズを解除した鍵ファイル、またはパスワードファイルの取り扱いには注意しましょう。サーバ証明書は公開情報であるため、秘密鍵が漏洩すると第3者が同じサーバ証明書を利用して悪意のあるWebサイトを公開できてしまいます。nginxではマスタプロセスだけが鍵情報を読み込めばよいため、マスタプロセスを実行するrootユーザだけがアクセスできる権限に設定することでより安全な運用が可能です。

```
sslディレクトリ以下のファイルの所有権をrootにする
$ sudo chown root:root -R /etc/nginx/ssl/

sslディレクトリ以下のファイルのパーミッションを600にする
$ sudo chmod 600 /etc/nginx/ssl/*

sslディレクトリのパーミッションを700にする
$ sudo chmod 700 /etc/nginx/ssl
```

5.3

安全なHTTPS通信を提供するために

ここまでの設定を行えば、nginxでHTTPS通信を実現することは可能です。しかし安全なHTTPS通信を提供するためには、いくつかの設定を追加する必要があります。

HTTPS通信の推奨される設定としては、Mozillaの運用セキュリティチームが公開している資料があります[注4]。このページでは、ブラウザの互換性や現時点での安全性などをよく考慮した設定が紹介されており、安全かつ高速なHTTPSを提供するうえでの良い指針となります。本書では、この資料をもとに推奨されるHTTPS通信を実現するためのポイントを説明します[注5]。現在HTTPSを用いてサービスを提供している場合、1つでも気になるポイントがあればこの項目をよく確認してください。

注4　Security/Server Side TLS - MozillaWiki
　　　https://wiki.mozilla.org/Security/Server_Side_TLS
　　　Mozilla Wiki以外の資料としては、暗号技術評価プロジェクトCRYPTRECが作成したSSL/TLS暗号設定ガイドラインがあります。
　　　https://www.ipa.go.jp/security/vuln/ssl_crypt_config.html
注5　MozillaWikiで定義されている設定のうち互換性とセキュリティのバランスをとっているもの(Intermediate compatibility)をベースにします。

- OpenSSLのバージョンを確認
- SSLv3 を無効化
- 暗号化スイートを明示的に指定
- DH パラメータファイルを指定
- SHA-2 (SHA-256)サーバ証明書を利用

OpenSSLのバージョンを確認

nginxではTLSを実現するためにOpenSSLを使用しています。OpenSSLはTLSを実現するために広く使用されているライブラリですが、多くの脆弱性が発見されているライブラリでもあります。安全なTLSを提供するためにはnginxだけでなくOpenSSLのバージョンにも気を配る必要があります。OpenSSLのリリース情報などメーリングリストなどで確認するようにしましょう。

nginxが使用しているOpenSSLのバージョンを確認するためには、nginx -Vコマンドを利用します。OpenSSLが利用できるようになっていれば実行結果に次のような行が含まれます。

```
built with OpenSSL 1.0.2d 9 Jul 2015
```

nginx -Vコマンドの出力にOpenSSLのバージョンが含まれるようになったのはnginx 1.9.0以降です。古いバージョンのnginxで使用しているOpenSSLのバージョンを確認するためには、lddコマンドを使用してどのオブジェクトファイルとリンクされているか確認できます。オブジェクトファイルのバージョンはstringsコマンドを使うことで確認できます。

```
$ ldd `which nginx` | grep ssl
        libssl.so.1.0.0 => /usr/lib/x86_64-linux-gnu/libssl.so.1.0.0 (0x000
07fa68c07b000)

$ strings /usr/lib/x86_64-linux-gnu/libssl.so.1.0.0 | grep  "^OpenSSL "
OpenSSL 1.0.2d 9 Jul 2015
```

OpenSSLでは0.9.8、1.0.0、1.0.1、1.0.2の4つのバージョンがサポートされていますが、TLSv1.1、TLSv1.2を使用するにはOpenSSL 1.0.1以上

のバージョンが必要です[注6]。一般的なLinuxディストリビューションではすでにOpenSSL 1.0.1のパッケージが提供されています。より安全な新しいプロトコルを使用できるようにするため、OpenSSL 1.0.1以上を使用するようにしましょう。

また、Debian GNU/Linuxなどのディストリビューションが提供するパッケージを使用している場合、独自にセキュリティパッチを取り込んでいるため、最新のセキュリティフィックスが入っていても古いバージョンが表示されることがあります。この場合、各ディストリビューションでインストールされているパッケージのセキュリティ情報を確認するようにしましょう。

OpenSSLはnginxに静的に組み込むことも可能です。その場合lddコマンドでは確認できませんが、nginx -Vコマンドを利用することでビルド時のオプションを確認できます[注7]。OpenSSLのバージョンをアップグレードするためにnginxをビルドしなおさなければならない点にも注意しましょう。

SSLv3を無効化

SSLv3はTLSv1.0が策定される前に使用されていた古いプロトコルです。SSLv3はすでに時代遅れのプロトコルとなっており、十分に安全とは言えません。また、TLSv1.0をサポートしていないクライアントはごくわずかであり、互換性の問題がなければSSLv3を無効にすることが推奨されています[注8]。

nginx 1.9.1以降ではSSLv3がデフォルトで無効になり、TLSv1以降のみが使用できるように設定されています。使用するHTTPSプロトコルを明示的に指定する場合はssl_protocolsディレクティブを使用します(**書式5.4**)。

注6　OpenSSL 0.9.8、1.0.0は2015年12月31日でサポートが終了します。
　　 https://www.openssl.org/policies/releasestrat.html
注7　詳しくは第2章「インストールしたnginxの情報を確認」(18ページ)を参照してください。
注8　また、Windows XPのInternet Explorer 6以前ではデフォルトでTLSが無効になっており、設定を変えない限りSSLv2またはSSLv3しか使用できません。これらのクライアントはすでに提供元からのサポートが終了しており、本当にサポートすべきかよく考える必要があります。

第 **5** 章　安全かつ高速な HTTPS サーバの構築

書式5.4	ssl_protocolsディレクティブ
構文	**ssl_protocols** [SSLv2] [SSLv3] [TLSv1] [TLSv1.1] [TLSv1.2];
デフォルト値	TLSv1 TLSv1.1 TLSv1.2
コンテキスト	http、server
解説	HTTPS通信で利用するプロトコルを指定する

暗号化スイートを明示的に指定

　HTTPSには鍵認証、メッセージ認証符号、鍵交換、共通鍵暗号化といったように複数の要素があり、それぞれプロトコルの選択が可能です。この組み合わせのことを暗号化スイートと呼び、どの暗号化スイートを使用してHTTPS通信を行うかでHTTPSの安全性は大きく左右されます。デフォルトで指定されている暗号化スイートには、過去の互換性のためにけっして安全とは言い難いものも含まれています。高い安全性を実現するためには、暗号化スイートを明示的に指定する必要があります。

暗号化スイートリストの指定

　使用可能にする暗号化スイートは、ssl_ciphersディレクティブで指定します（**書式5.5**）。

書式5.5	ssl_ciphersディレクティブ
構文	**ssl_ciphers** 暗号化スイートリスト;
デフォルト値	HIGH:!aNULL:!MD5;
コンテキスト	http、server
解説	HTTPS通信で利用する暗号化スイートのリストを指定する

　暗号化スイートリストはOpenSSLの暗号化スイートリスト形式で指定します。暗号化スイートリストは優先度が高い順に暗号化スイートを列挙し、使用を拒否する暗号化スイートには先頭にエクスクラメーションマーク（!）を付与します。現在推奨されている暗号化スイートリストは次のとおりです。非常に長いですが、コピー&ペーストするだけですので面倒くさがらず指定するようにしましょう。この暗号化スイートリストは執筆時点のものであるため、このまま使わずに必ずMozillaWikiを確認し最新版を

コピーするようにしてください[注9]。

```
ECDHE-RSA-AES128-GCM-SHA256:ECDHE-ECDSA-AES128-GCM-SHA256:ECDHE-RSA-AES256-GCM
-SHA384:ECDHE-ECDSA-AES256-GCM-SHA384:DHE-RSA-AES128-GCM-SHA256:DHE-DSS-AES128
-GCM-SHA256:kEDH+AESGCM:ECDHE-RSA-AES128-SHA256:ECDHE-ECDSA-AES128-SHA256:ECDH
E-RSA-AES128-SHA:ECDHE-ECDSA-AES128-SHA:ECDHE-RSA-AES256-SHA384:ECDHE-ECDSA-AE
S256-SHA384:ECDHE-RSA-AES256-SHA:ECDHE-ECDSA-AES256-SHA:DHE-RSA-AES128-SHA256:
DHE-RSA-AES128-SHA:DHE-DSS-AES128-SHA256:DHE-RSA-AES256-SHA256:DHE-DSS-AES256-
SHA:DHE-RSA-AES256-SHA:ECDHE-RSA-DES-CBC3-SHA:ECDHE-ECDSA-DES-CBC3-SHA:AES128-
GCM-SHA256:AES256-GCM-SHA384:AES128-SHA256:AES256-SHA256:AES128-SHA:AES256-SHA
:AES:CAMELLIA:DES-CBC3-SHA:!aNULL:!eNULL:!EXPORT:!DES:!RC4:!MD5:!PSK:!aECDH:!ED
H-DSS-DES-CBC3-SHA:!EDH-RSA-DES-CBC3-SHA:!KRB5-DES-CBC3-SHA
```

この暗号化スイートリストは次のルールに基づいて選択されています。

- まだ攻撃方法が知られておらず、広く使用できる ECDHE-AES-GCM を最初に指定する
- PFS (*Perfect Forward Secrecy*：後述)を満たす暗号化スイートを優先する
- SHA1 よりも SHA256 を優先する
- AES256 は暗号強度が高いものの計算負荷が高いため、AES128 を優先する
- 脆弱性が知られている RC4 を使用せず、代わりに DES を使用する

▌サーバの暗号化スイートの設定を優先

　TLS では使用する暗号化スイートをクライアント、サーバ間で交渉し決定します。デフォルトではクライアントが決定する暗号化スイートを優先するようになっており、クライアントによってはセキュリティ強度が弱い暗号化スイートが選択されてしまうことがあります。ssl_prefer_server_ciphers ディレクティブを有効にすることで、サーバの暗号化スイート選択を優先できます（**書式5.6**）。サーバ側で暗号化スイートリストを指定する場合は必ず有効にしておきましょう。

書式5.6 ssl_prefer_server_ciphersディレクティブ

構文	`ssl_prefer_server_ciphers` on | off;
デフォルト値	off
コンテキスト	http、server
解説	有効にするとサーバ側で設定した暗号化スイートの利用が優先される

注9　https://wiki.mozilla.org/Security/Server_Side_TLS

第 **5** 章　安全かつ高速なHTTPSサーバの構築

DHパラメータファイルを指定

　近年重要視されている暗号化通信の機能にPFSと呼ばれるものがあります。これまでのすべての暗号化された通信を記録しておき、あとからある期間の鍵を盗むことができたとしても一定期間の通信しか復号できず、それ以前またはそれ以後に記録した通信は復号できない暗号化通信の性質を指します。鍵交換方式としてECDHE、またはDHEを使用する暗号化スイートではこのPFSの条件を満たしています。

　DHEではdhparamと呼ばれるDHパラメータ[注10]を使用しますが、このパラメータに使用する鍵長は2,048ビット以上にすることが推奨されています。dhparamはopensslコマンドで鍵長を指定して生成できます。

```
$ openssl dhparam 2048 -out dhparam.pem
```

　生成したdhparamファイルはssl_dhparamディレクティブを用いて指定します（**書式5.7**）。

書式5.7　ssl_dhparamディレクティブ

構文	**ssl_dhparam** dhparamファイルのパス;
デフォルト値	なし
コンテキスト	http、server
解説	DHEで利用するDHパラメータを指定する

SHA-2(SHA-256)サーバ証明書を利用

　従来、サーバ証明書の署名アルゴリズムにSHA-1ハッシュ関数を利用したSHA-1サーバ証明書が発行されてきました。このSHA-1ハッシュ関数には長い間問題が指摘され続けていましたが、ブラウザの互換性を保つためSHA-1サーバ証明書が発行され続けていました。近年ではより安全性が高いSHA-2のハッシュ関数（SHA-256）を利用したSHA-2サーバ証明書をほとんどのブラウザがサポートしています。

　各ブラウザではSHA-1サーバ証明書への対応終了に向けた作業が行われ

注10　DH鍵共有に使用するパラメータのことです。

102

ており、2015年以降、各ブラウザにおいてSHA-1サーバ証明書を使用している Webページに対し段階的に警告を出す処理が行われています。また、各認証局も SHA-1証明書の発行を終了する予定です。今後発行されるサーバ証明書はすべて SHA-2を利用したサーバ証明書になりますが、古いサーバ証明書で有効期限が長いものは SHA-1証明書である可能性があります。

SHA-1証明書を使用している場合は、各認証局が発行している情報を確認し、安全性が高い SHA-2証明書に移行するようにしましょう[注11]。

5.4

TTFBの最小化によるHTTPS通信の最適化

高速な TLSを実現するうえで指標となる数値が TTFB（*Time to First Byte*）です。これはデータの最初の1バイト目をクライアントが受信できるまでの時間のことを指します。TLSでは接続を確立してから通信を開始するまで（TLSハンドシェイク）に、使用する暗号化スイートの決定、証明書を検証、鍵交換など複雑なプロセスを行う必要があり、最初の1バイト目を受信できるようになるまでに比較的長い時間がかかります。この時間を最小化することで HTTPS通信を最適化することが可能です。

ここでは TTFBを最小化する方法として3つのテクニックを紹介します。

- HTTP/2、または SPDYによる通信の高速化
- TLSセッション再開によるハンドシェイクの高速化
- OCSP（*Online Certificate Status Protocol*）ステープリングによるサーバ証明書検証コストの削減

HTTP/2による通信の高速化

HTTP/2は HTTPの新しいバージョンとして策定されたプロトコルです。Googleによって開発された SPDYをベースとしており、通信路の多重化、

注11　SHA-2証明書への移行に関してより詳細は次のURLを参照してください。
　　　・https://jp.globalsign.com/information/important/detail.php?no=1429769655
　　　・https://www.cybertrust.ne.jp/sureserver/productinfo/sha1ms.html
　　　・https://www.symantec.com/ja/jp/page.jsp?id=ssl-sha2-transition

第 **5** 章　安全かつ高速な HTTPS サーバの構築

ヘッダ圧縮、パイプライニングなどの技術により TTFB を削減し、Web ペ
ージを高速かつ効率良く転送することが目的です。HTTP/2 は nginx 1.9.5
以上でのみ使用可能です。HTTP/2 のリリースに伴い SPDY/3.1 規格は廃
止されており、nginx 1.9.5 以上も SPDY をサポートせず HTTP/2 のみをサ
ポートしています。

　nginx で HTTP/2 を有効にするには ngx_http_v2_module が必要です。こ
のモジュールはデフォルトで組み込まれないため、ビルド時に --with-http_
v2_module オプションを指定する必要があります。そして、listen ディレ
クティブに http2 パラメータを追加します。HTTP/2 は TLS を用いない平
文での通信もサポートしていますが、現在のブラウザ実装は TLS 上での
HTTP/2 のみをサポートしています。このため、http2 パラメータは ssl パ
ラメータと必ずセットで指定する必要があります。

```
server {
    listen 443 ssl http2; # HTTP/2を有効にする
    …
}
```

　HTTP/2 では HTTP/1.x との判別に TLS-NPN (*Next Protocol
Negotiation*)、または新しい規格である TLS-ALPN (*Application-Layer
Protocol Negotiation*) と呼ばれる機能を使用します。TLS-NPN を利用する
には OpenSSL 1.0.1 以上、TLS-ALPN を利用するには OpenSSL 1.0.2 以
上が必要です。

　HTTP/2 標準では、いくつかのセキュリティ上問題のある暗号化スイー
トを使用すべきでないと勧告しています[注12]。これらの脆弱性がある暗号化
スイートを HTTP/2 の通信に選択した場合、ブラウザによって接続が切断
されてしまい、正常な通信を行うことができません。ssl_prefer_server_
ciphers ディレクティブを用いてサーバ側の暗号化スイートリストを優先
するように設定している場合、これらの脆弱性がある暗号化スイートが選
択されないように ssl_ciphers ディレクティブに指定する暗号化スイート
リストの順番に気を付ける必要があります[注13]。

注12　RFC 7540 Appendix A. TLS 1.2 Cipher Suite Black List
　　　https://tools.ietf.org/html/rfc7540#appendix-A
注13　本書で紹介している暗号化スイートリストでは HTTP/2 で利用できる暗号化スイートが優先される
　　　ようになっているため、紹介している設定をそのまま使用している場合は問題ありません。

104

SPDYによる通信の高速化

nginx 1.9.5においてHTTP/2がサポートされましたが、それよりも古い
バージョンにおいてはSPDY/3.1（SPDY Protocol - Draft 3.1）を利用でき
ます。nginx 1.9.5より新しいバージョンではHTTP/2が利用可能なため、
SPDYを有効にする必要はありません。

SPDYでは1つのTLSコネクション上で複数のリクエストを並列して送
受信できます。これにより同時に処理できるリクエスト数を増やし、TTFB
を削除し、ページの表示を高速化できます。

SPDYを利用するにはngx_http_spdy_moduleが必要です。このモジュー
ルはデフォルトで有効にならないため、ビルド時に--with-http_spdy_
moduleオプションを指定する必要があります。また、利用できるのはSPDY
によるHTTPS通信のみで、SPDY特有のServer Pushといった機能は利用
できません。

SPDYを利用するためにはlistenディレクティブにsslに加えてspdyパ
ラメータを追加する必要があります。

```
server {
    listen 443 ssl spdy;
    ...
}
```

SPDY/3.1はTLS上で使用するプロトコルがHTTP/1.1なのかSPDY/3.1
なのか識別するためにTLS-NPNという機能を使用します。そのため、TLS-
NPNをサポートしているOpenSSL 1.0.1以上を使用する必要があります。

TLSセッション再開による高速化

前述したとおり、TLSハンドシェイクには複雑なプロセスを行う必要が
あります。これらの処理はCPU処理を必要とするだけでなく、クライアン
ト／サーバ間で余計なやりとりを発生させます。前回使用したTLSセッシ
ョンを保存しセッションを再開できれば、TLSハンドシェイクに必要なオ
ーバーヘッドを削減できます。このTLSセッションの再開には、セッショ
ンキャッシュを使用する方法と、セッションチケットを使用する方法の2
つがあります。

第 **5** 章　安全かつ高速なHTTPSサーバの構築

■ セッションキャッシュの利用

　TLSハンドシェイクを行うと、クライアント／サーバは共通のセッション IDをやりとりします。セッションキャッシュはこのセッションIDをキーにしてサーバ側でセッション情報をキャッシュし、次回のTLSハンドシェイクを省略します。nginxではssl_session_cacheディレクティブを使用することでセッションキャッシュを有効にできます（**書式5.8**）。

書式5.8　ssl_session_cacheディレクティブ

構文	**ssl_session_cache** off | none
	ssl_session_cache builtin[:キャッシュするセッション数※] [shared:キャッシュ名:キャッシュサイズ];
	ssl_session_cache [builtin[:キャッシュするセッション数※]] shared:キャッシュ名:キャッシュサイズ;
デフォルト値	none
コンテキスト	http、server
解説	TLSセッションキャッシュを有効／無効にする

※「キャッシュするセッション数」を省略した場合20480セッションになります。

　ssl_session_cacheディレクティブにoffを指定した場合、セッションキャッシュの利用をクライアントに禁止します。noneを指定した場合、セッションキャッシュの禁止をクライアントに伝えることはありませんが、実際にはセッションキャッシュパラメータをサーバにキャッシュすることはありません。

　セッションキャッシュはOpenSSLに内蔵されているセッションキャッシュ（builtin）と、共有メモリを利用するキャッシュ（shared）が選択できます。OpenSSL内蔵のキャッシュではキャッシュがワーカごとで分かれてしまいますが、共有メモリキャッシュを利用することで、複数のワーカでキャッシュを共有できます。そのため、共有メモリによるキャッシュを用いたほうが一般的には効率的です。

　共有メモリによるキャッシュを使用する場合、キャッシュ名と容量を指定します。たとえば、5MBのキャッシュを指定する場合次のようになります。

```
ssl_session_cache shared:SSL:5m;
```

　キャッシュ名はそれぞれのキャッシュごとに異なる名前を使用する必要があります。共有メモリによるキャッシュでは1MBあたり、約4,000セッ

ションをキャッシュすることが可能です。

セッションの有効期限はssl_session_timeoutディレクティブで指定できます（**書式5.9**）。デフォルトでは5分間キャッシュされます。

書式5.9 ssl_session_timeoutディレクティブ

構文	**ssl_session_timeout** タイムアウト;
デフォルト値	5m
コンテキスト	http、server
解説	TLSセッションキャッシュの有効期限を指定する

┃ セッションチケットの利用

セッションキャッシュはセッション情報を共有メモリにキャッシュするため、複数台のサーバでセッション情報を共有できません。これを解決するのがセッションチケットです。セッションチケットは、セッション情報を暗号化しチケットとしてクライアントに送信します。クライアントはこのチケットをサーバに送信することで前回のTLSセッションを再開できます。

TLSセッションチケットを有効にするにはssl_session_ticketsディレクティブを用います（**書式5.10**）。

書式5.10 ssl_session_ticketsディレクティブ

構文	**ssl_session_tickets** on | off;
デフォルト値	on
コンテキスト	http、server
解説	TLSセッションチケットを有効／無効にする

セッションチケットの暗号鍵はssl_session_ticket_keyディレクティブで指定します（**書式5.11**）。この鍵ファイルを複数サーバで共有することで、同じ設定を持つ複数のサーバでセッション情報を共有できるようになります。

第**5**章　安全かつ高速なHTTPSサーバの構築

書式5.11 ssl_session_tikect_keyディレクティブ

構文	**ssl_session_ticket_key** セッションチケット鍵ファイル;
デフォルト値	なし
コンテキスト	http、server
解説	TLSセッションチケットの暗号鍵を指定する

　鍵ファイルを指定しなかった場合、起動時にランダムな暗号鍵が自動生成されます。この値はノードごとに異なることに注意してください。複数サーバでセッション情報を共有できるようにするには鍵ファイルを明示的に指定する必要があります。

　セッションチケット鍵は48バイトのランダムなデータである必要があり、openssl rand コマンドにより生成できます。セッションチケット鍵を攻撃者が手に入れると、そのセッションを攻撃者が解読することが可能になります。サーバ証明書や暗号鍵と同じく不特定ユーザに閲覧されないよう適切な権限で管理しましょう。

```
$ openssl rand 48 > ticket.key
$ sudo chown root:root ticket.key
$ sudo chmod 600 ticket.key
```

■ セッションチケットを利用した状態でPFSの条件を満たすには

　前述したとおりセッションチケット鍵を攻撃者が手に入れることで、そのセッションすべての解読が可能になります。そのため、PFSを満たすためにはセッションチケット鍵を短い期間で再生成する必要があります。

　現在のところ、nginxではチケット鍵を自動的に再生成する機能は提供されておらず、定期的に再生成する必要があります。MozillaWikiでは毎日新しい鍵を生成しなおすことが推奨されています[注14]。より安全性を高めるために、セッションキャッシュのみの使用で問題なければTLSセッションチケットを無効にすることも検討してください。

注14　鍵を再読み込みさせるためには、ワーカを再起動し設定を再読み込みさせる必要があります。設定の再読み込み方法については第2章「nginxの終了、設定の再読み込み」（27ページ）を参照してください。

108

OCSPステープリングによる高速化

　HTTPS通信では従来、サーバ証明書が有効かどうか確認するために証明書失効リスト（CRL：*Certificate Revocation List*）を用いていました。しかしCRLは更新するたびにサイズが大きくなり、リアルタイムに更新できない、照合する処理コストが大きくなるといった問題があります。これを解決したのがOCSPです。OCSPではCRLによる証明書の有効性確認を行う代わりに、OCSPレスポンダに対し証明書が有効であるかどうか問い合わせます。これにより、即時性の高い有効性確認を高速に行うことができます。最近のブラウザはすべてOCSPによる証明書の有効性確認に対応しています。

　通常、クライアントがOCSPレスポンダに問い合わせを行いますが、OCSPステープリングではOCSPレスポンダからの問い合わせ結果をサーバがキャッシュします。クライアントとのTLSハンドシェイク時にキャッシュしておいた問い合わせ結果をサーバからクライアントに送信することで、クライアントは証明書の有効性を確認できます（**図5.1**）。OCSPの問い合わせ結果は署名されているため、サーバはOCSPのレスポンスを改ざんできず、安全に証明書の有効性を確認できます。

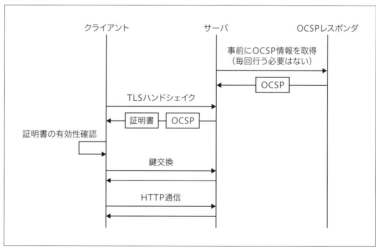

図5.1 OCSPステープリング

　リスト5.2にnginxでOCSPステープリングを有効にする際の設定例を

第 **5** 章　安全かつ高速な HTTPS サーバの構築

示しました。

リスト5.2 OCSPステープリングに関する設定

```
server {
    # OCSPステープリングに関する設定
    ssl_stapling on;                          # OCSPステープリングを有効にする
    ssl_stapling_verify on;                   # 問い合わせ結果を確認する
    ssl_trusted_certificate root_ca.cert;     # 信頼する証明書を指定する
    resolver 192.0.2.1;
}
```

■ OCSPステープリングの設定

OCSPステープリングを有効にするためには、ssl_staplingディレクティブを使用します(**書式5.12**)。

書式5.12 ssl_staplingディレクティブ

構文	**ssl_stapling** on | off;
デフォルト値	off
コンテキスト	http、server
解説	OCSPステープリングを有効／無効にする

OCSPサーバの名前解決を行うため、resolverディレクティブによるネームサーバの指定も必要になります(**書式5.13**)。resolverディレクティブはnginxで行う名前解決に使用するネームサーバを指定します。

書式5.13 resolverディレクティブ

構文	**resolver** サーバのアドレス … [valid=レスポンスのTTL] [ipv6=on|off];
デフォルト値	off
コンテキスト	http、server、location
解説	DNSによる名前解決に利用するネームサーバを指定する

■ OCSP問い合わせ結果をサーバで検証

OCSPの問い合わせ結果が正しいかどうかサーバで検証するには、ssl_stapling_verifyディレクティブも有効にする必要があります(**書式5.14**)。

110

検証が失敗した場合、エラーログにエラーが出力されます。

書式5.14 ssl_stapling_verifyディレクティブ

構文	**ssl_stapling_verify** on | off;
デフォルト値	off
コンテキスト	http、server
解説	OCSPの問い合わせ結果の検証を有効／無効にする

有効性確認を行うために、信頼するCA証明書と中間証明書も必要です。サーバ証明書が使用しているCA証明書を記述したファイルをssl_trusted_certificateディレクティブで指定します（**書式5.15**）。

書式5.15 ssl_trusted_certificateディレクティブ

構文	**ssl_trusted_certificate** CA証明書ファイル;
デフォルト値	なし
コンテキスト	http、server
解説	OCSPの問い合わせに利用するCA証明書を指定する

指定する証明書ファイルにはCA証明書、中間CA証明書をすべて1ファイルに結合しておく必要があります。

TLSセッション再開とOCSPステープリングの確認

ここまでで紹介したTLSセッション再開とOCSPステープリングを確認するにはopensslコマンドのs_clientが使用できます。コマンドの出力例を**図5.2**に示しました。

図5.2 opensslクライアントによるTLSセッションチケットとOCSPステープリングの確認

```
$ openssl s_client -connect www.example.com:443 -tls1 -status < /dev/null
CONNECTED(00000003)
depth=1 /C=US/O=DigiCert Inc/OU=www.digicert.com/CN=DigiCert SHA2 High Assu
rance Server CA
verify error:num=20:unable to get local issuer certificate
```

第 5 章　安全かつ高速な HTTPS サーバの構築

```
verify return:0
OCSP response: ❶
========================================
OCSP Response Data:
    OCSP Response Status: successful (0x0) ❷
    …


========================================

…


---
SSL handshake has read 3516 bytes and written 423 bytes
---
New, TLSv1/SSLv3, Cipher is RC4-SHA
Server public key is 2048 bit
Secure Renegotiation IS supported
Compression: NONE
Expansion: NONE
SSL-Session:
    Protocol  : TLSv1
    Cipher    : RC4-SHA
    Session-ID: … ❸
    Session-ID-ctx:
    Master-Key: …
    Key-Arg   : None
    TLS session ticket lifetime hint: 300 (seconds)
    TLS session ticket: ❹
    …
```

　OCSP ステープリングが適切に設定されている場合、レスポンスに OCSP
Response Data が含まれます（❶）。❷が successful になっていれば、正し
いレスポンスが含まれていることを示します。

　セッションチケットが有効になっているかどうかは、SSL-Session にセ
ッションチケットの値が含まれるかで確認できます（❹）。また、openssl
コマンドでもセッション ID を確認できますが（❸）、セッションが正しく再
開できるかは確認できません。

セッションキャッシュを確認

　このセッション ID がどのように変化するかは openssl コマンドで確認で

112

きないため、セッションキャッシュが有効になっているか確認できません。セッションキャッシュを確認する方法としては、rfc5077-client[注15] を利用する方法があります。rfc5077-clientではサーバに対し何度かリクエストすることで、セッションの再開、チケットが正しく動作しているか確認します（**図5.3**）。

rfc5077-clientは2回テストを行います。1回目のテストではセッションチケットを無効にしてリクエストします。Reuseの列が✔になっていればセッションが正しく再開されているのがわかります[注16]。2回目のテストではセッションチケットを有効にしてリクエストします。このときTicketの列が✔になっていればセッションチケットが有効になっていることがわかります。

図5.3 rfc5077-clientの実行結果

```
$ ./rfc5077-client -4 www.example.com
[✔] Check arguments.
[✔] Solve www.example.com:
  | Got 1 result:
  | 192.0.2.1
[✔] Prepare tests.
[✔] Run tests without use of tickets.
[✔] Display result set:
  |···| Reuse | SSL Session ID   | Master key | Ticket | Ans.
  |--+-----+---------------+--------+-----+----
  |···|  ✘  | XXXXXXXXXXX··· | YYYYYYYY··· |  ✘  |···OK
  |···|  ✔  | XXXXXXXXXXX··· | YYYYYYYY··· |  ✘  |···OK
  |···|  ✔  | XXXXXXXXXXX··· | YYYYYYYY··· |  ✘  |···OK
  |···|  ✔  | XXXXXXXXXXX··· | YYYYYYYY··· |  ✘  |···OK
  |···|  ✔  | XXXXXXXXXXX··· | YYYYYYYY··· |  ✘  |···OK
[✔] Dump results to file.
[✔] Run tests with use of tickets.
[✔] Display result set:
  |···| Reuse | SSL Session ID   | Master key | Ticket | Ans.
  |--+-----+---------------+--------+-----+----
  |···|  ✘  | ZZZZZZZZZZZZ··· | VVVVVVV··· |  ✔  |···OK
  |···|  ✔  | ZZZZZZZZZZZZ··· | VVVVVVV··· |  ✔  |···OK
  |···|  ✔  | ZZZZZZZZZZZZ··· | VVVVVVV··· |  ✔  |···OK
  |···|  ✔  | ZZZZZZZZZZZZ··· | VVVVVVV··· |  ✔  |···OK
  |···|  ✔  | ZZZZZZZZZZZZ··· | VVVVVVV··· |  ✔  |···OK
```

※紙面掲載用にレイアウトを調整しています。

注15　https://github.com/vincentbernat/rfc5077

注16　1回目のリクエストではまだセッション情報がキャッシュされていないため、✘になります。

第 **5** 章　安全かつ高速なHTTPSサーバの構築

バッファサイズの最適化

　ここまでTTFBを最小化する2つのテクニックを紹介しましたが、nginx
ではTTFBを最小化するために設定できるパラメータがもう1つあります。
　nginxではTLS通信を行う際、レスポンスをバッファリングし一定サイ
ズごとに暗号化を行います。デフォルトでは16KBが指定されていますが、
これは比較的大きなファイルサイズをやりとりすることを意図しており、
標準的なWebページではより小さな値にすることでTTFBを削減できます。
このバッファサイズはssl_buffer_sizeディレクティブで指定します（**書式
5.16**）。一般には4KB程度を指定するとよいでしょう。

書式5.16　ssl_buffer_sizeディレクティブ

構文	**ssl_buffer_size** バッファサイズ;
デフォルト値	16k
コンテキスト	http、server
解説	TLS通信の送信に使用するバッファサイズを指定する

5.5

複数ドメインを1台のサーバで運用するには

　さて、ここまで安全かつ高速なHTTPSを実現するために必要な設定に
ついて紹介してきました。最後に複数のサーバ証明書を1台のサーバで利
用するために必要な設定について触れます。
　TLSでは通信のすべてが暗号化されているため、暗号化を解除するまで
Hostヘッダの内容を知ることはできません。このため、どのバーチャルサ
ーバの設定を使用すればよいかserver_nameディレクティブのマッチング
を解決できず、1台のサーバで複数ドメインのHTTPSを実現できないとい
う問題があります。これを解決する方法としては3つの方法があります。

- SNI（*Server Name Indication*）の使用
- ワイルドカード証明書、またはSAN（*Subject Alternative Name*）オプション

複数ドメインを1台のサーバで運用するには **5.5**

による設定
- 証明書ごとに異なるIPアドレスの割り当て

SNIの使用

SNIは、暗号化されているHTTPS通信においてリクエストするホスト名を送信先サーバに伝えるための仕様です。SNIではHTTPS通信のプロトコルであるTLSのハンドシェイクを行う際に、クライアントがサーバに対してリクエストするホスト名を付加します。これによりサーバはどのサーバ証明書を利用すればよいか暗号化通信を開始する際に確認でき、複数の証明書を運用することが可能になります。

SNIはOpenSSL 0.9.8以降で使用可能なので現在のほとんどの環境で使用できますが、現在利用しているnginxがSNIに対応しているかはnginx -Vコマンドで確認できます。nginx -Vコマンドを実行して次の文章が表示されればSNIが利用可能です。

```
$ sudo nginx -V
nginx version: nginx/1.9.5
TLS SNI support enabled
configure arguments: …
```

SNIを利用するために、上記以外の特別な設定は必要ありません。単純に複数のバーチャルサーバそれぞれに証明書を指定するだけで複数の証明書を利用可能になります。しかしSNIは比較的新しい仕様であり、古いブラウザには対応していないものがあります[注17]。今後古いブラウザ、OSのサポート終了に伴って、SNIを利用できる環境も一般的になっていくでしょう。

ワイルドカード証明書やSANオプションによる設定

SNIが使用できればTLS証明書を複数指定できない問題は解決しますが、現実にはSNIに対応していないブラウザに対応する必要もあるでしょう。これを解決する1つの方法として、ワイルドカード証明書、またはサーバ

注17　Android 2.x、Mac OS 10.5未満のSafari、Mac OS 10.5未満のGoogle Chromeなどが未対応です。

第 **5** 章　安全かつ高速なHTTPSサーバの構築

証明書のSAN拡張を使用する方法があります。

ワイルドカード証明書とは、*.example.comのように特定のドメインの任意のサブドメインで使用できるサーバ証明書です。同じサブドメインであれば複数のバーチャルサーバで同じ証明書を利用できます[注18]。

SAN拡張はサーバ証明書に、特定のドメイン以外に別名を指定する属性です。このSAN拡張をサーバ証明書に追加することで、1つのサーバ証明書に複数のドメイン名を追加できます。SAN拡張を追加するサービスは、マルチドメインオプションまたはSANオプションという名称で、各認証局で販売されています[注19]。

ワイルドカードやSAN拡張によって複数ドメインで使用できるようにしたサーバ証明書を使用する例を**リスト5.3**に示しました。

リスト5.3　ワイルドカード証明書による複数のHTTPSバーチャルサーバの設定

```
server {
    listen 443 ssl default_server;
    server_name www.example.com;

    # SANオプションまたはワイルドカードを使用したサーバ証明書と鍵を指定
    ssl_certificate /etc/nginx/cert.pem;
    ssl_certificate_key /etc/nginx/cert.key;
    ...
}

server {
    listen 443 ssl;
    server_name static.example.com;

    # デフォルトサーバと同じ証明書と鍵を指定
    ssl_certificate /etc/nginx/cert.pem;
    ssl_certificate_key /etc/nginx/cert.key;
    ...
}

...
```

注18　ワイルドカード証明書では同じ階層のサブドメインでしか利用できないことに注意してください。たとえば*.example.comの証明書はsub.content.example.comでは使用できません。

注19　認証局によってはwww.example.comというドメインでサーバ証明書を取得したとき、自動的にexample.comのSANを付与してくれるサービスを行っているところもあります。

SNIが有効ではない場合、nginxはデフォルトサーバの証明書を使用します。複数ドメインで同じサーバ証明書を利用できれば、デフォルトサーバでこのサーバ証明書を応答するだけでHTTPS通信を開始できます[20]。そのため、デフォルトサーバと対象のバーチャルサーバで同じワイルドカードやSAN拡張を使用した証明書を割り当てることで、複数のドメインを同一サーバで運用できます。

証明書ごとに異なるIPアドレスの割り当て

ワイルドカード証明書が利用できない場合には、証明書ごとに異なるIPアドレスを割り当てる方法があります。**リスト5.4**にIPアドレスを複数割り当てることで異なる証明書を指定する方法を示しました。

この方法ではリクエストの送信先IPアドレスによってどの証明書を使用すればよいか判別できるため、単一のサーバで複数証明書の運用が可能になります。この場合、サーバにはセカンダリアドレスを用いて複数のIPアドレスを指定しておく必要があります。

リスト5.4 複数IPアドレス割り当てによるHTTPSバーチャルサーバの設定

```
server {
    listen 198.51.100.1:443 ssl;
    server_name www.example.com;
    ssl_certificate /etc/nginx/www.example.com-cert.pem;
    ssl_certificate_key /etc/nginx/www.example.com-cert.key;
    ...
}

server {
    listen 198.51.100.2:443 ssl;
    server_name static.example.com;
    ssl_certificate /etc/nginx/static.example.com-cert.pem;
    ssl_certificate_key /etc/nginx/static.example.com-cert.key;
    ...
}

...
```

注20 デフォルトサーバはdefault_serverパラメータで明示的に指定できます。詳しくは第3章「複数のバーチャルサーバの優先順位」(43ページ)を参照してください。

第 **5** 章　安全かつ高速なHTTPSサーバの構築

5.6

まとめ

　本章では安全かつ高速なHTTPSを実現するために必要ないくつかの設定を紹介しました。最後に、本章で紹介したすべての設定を含む設定例を**リスト5.5**に示しました。これらの設定を確認し、設定に抜けがないかを確認するようにしましょう。

　HTTPSを含む暗号化通信への攻撃は今この瞬間も行われており、本書で示した設定が現在も安全であるとは限りません。常に最新の情報を確認し、設定の更新を行いましょう。nginxやOpenSSLなど使用しているライブラリの更新を忘れないことも重要です。

　最後に、ここに示した方法で通信路の安全を担保することは可能ですが、Webサービス全体の安全性が担保されていることを示すものではないことに注意しましょう。Webサービスでは通信路を盗聴する以外にもさまざまな手段で攻撃する手法が知られています。HTTPSを利用して通信路の安全性を確保することも重要ですが、安全なWebサービスを提供するためにありとあらゆる面に目を光らせておくことが重要です。

リスト5.5 推奨される安全かつ互換性を担保したHTTPSの設定例
（本書執筆時点）

```
server {
    listen 443 ssl http2;

    # サーバ証明書と秘密鍵を指定
    ssl_certificate /etc/nginx/ssl/cert.pem;
    ssl_certificate_key /etc/nginx/ssl/cert.key;

    # サーバの暗号化スイート設定を優先
    ssl_prefer_server_ciphers on;

    # TTFBを最小化するために4KBにする
    ssl_buffer_size 4k;

    # Mozilla WikiのIntermediateレベル（互換性をある程度担保した設定）による暗号化スイートの設定
    ssl_protocols TLSv1 TLSv1.1 TLSv1.2;
    ssl_ciphers 'ECDHE-RSA-AES128-GCM-SHA256:ECDHE-ECDSA-AES128-GCM-SHA256:
```

118

まとめ 5.6

```
ECDHE-RSA-AES256-GCM-SHA384:ECDHE-ECDSA-AES256-GCM-SHA384:DHE-RSA-AES128-GC
M-SHA256:DHE-DSS-AES128-GCM-SHA256:kEDH+AESGCM:ECDHE-RSA-AES128-SHA256:ECDH
E-ECDSA-AES128-SHA256:ECDHE-RSA-AES128-SHA:ECDHE-ECDSA-AES128-SHA:ECDHE-RSA
-AES256-SHA384:ECDHE-ECDSA-AES256-SHA384:ECDHE-RSA-AES256-SHA:ECDHE-ECDSA-A
ES256-SHA:DHE-RSA-AES128-SHA256:DHE-RSA-AES128-SHA:DHE-DSS-AES128-SHA256:DH
E-RSA-AES256-SHA256:DHE-DSS-AES256-SHA:DHE-RSA-AES256-SHA:AES128-GCM-SHA256
:AES256-GCM-SHA384:AES128-SHA256:AES256-SHA256:AES128-SHA:AES256-SHA:AES:CA
MELLIA:DES-CBC3-SHA:!aNULL:!eNULL:!EXPORT:!DES:!RC4:!MD5:!PSK:!aECDH:!EDH-D
SS-DES-CBC3-SHA:!EDH-RSA-DES-CBC3-SHA:!KRB5-DES-CBC3-SHA';

    # DH鍵交換のパラメータファイル
    ssl_dhparam /etc/nginx/ssl/dhparam.pem;

    # SSL Session Cacheを有効にする
    ssl_session_cache shared:SSL:5m;
    ssl_session_timeout 5m;

    # TLS Session Ticketsを有効にする
    ssl_session_tickets on;
    ssl_session_ticket_key /etc/nginx/ssl/ticket.key;

    # OCSPステープリングに関する設定
    ssl_stapling on;
    ssl_stapling_verify on;
    ssl_trusted_certificate /etc/nginx/root_ca_intermediates.cert;
    resolver 192.0.2.1;
}
```

第 **5** 章　安全かつ高速なHTTPSサーバの構築

C O L U M N

HSTSを用いて
常にHTTPS通信を使用するように指定する

　安全なHTTPS通信を提供できていたとしても、ページへのリンクが`http://`から始まっていた場合にはHTTPS通信を利用できず、通常のHTTP通信が行われてしまいます。これを防ぐ方法として、HTTPのリクエストを`https://`スキームにリダイレクトさせる方法がありますが、リダイレクトされる前のHTTP通信時にはMITM（*Man-in-the-middle attack*、中間者攻撃）に弱いという問題があります。この問題を解決する手段がHSTS（HTTP Strict Transport Security）です[注a]。

　HSTSではブラウザに対しHTTPを使用せず、代わりにすべてHTTPS通信を行うように伝達します。HSTSを利用するためには、レスポンスヘッダフィールドに`Strict-Transport-Security`を出力します。このヘッダには、HTTPSのみで接続することを記憶させる時間を秒単位でブラウザに指定します。nginxでは`add_header`ディレクティブを用いることで、レスポンスヘッダを出力できます[注b]。次の設定では30日間HTTPS通信を利用するようブラウザに対して伝えます。

```
add_header Strict-Transport-Security max-age=2592000;
```

　HSTSの設定は出力したドメインに対してのみ有効です。出力した設定をサブドメインにも適用する場合は`includeSubDomains`パラメータを指定します。HSTSのパラメータはセミコロン（;）で区切る必要があるため、nginxの設定ではダブルクォート（"）で囲む必要があります。

```
add_header Strict-Transport-Security "max-age=2592000; includeSubd
omains";
```

　HSTSはあらかじめブラウザに登録しておくこともできます。これをHSTSプリロードと呼びます。HSTSプリロードを行うには、出力するヘッダに`preload`パラメータを追加したあとに、各ブラウザベンダーに申請する必要があります。ChromiumプロジェクトではHSTSプリロードリストへの登録申請を行うページが用意されています[注c]。

注a　https://tools.ietf.org/html/rfc6797

注b　`add_header`ディレクティブについては第7章「レスポンスヘッダの追加」（172ページ）を参照してください。

注c　https://www.chromium.org/hsts

第 **6** 章

Webアプリケーションサーバの構築

第6章 Webアプリケーションサーバの構築

　nginxの代表的な利用方法の1つがWebアプリケーションサーバにおける利用です。Webアプリケーションサーバでは、Ruby on Railsで作成されたアプリケーションや、PHPで記述されたアプリケーションを補助する目的で使用されます。Webアプリケーションにおけるnginxの主な役割はリバースプロキシです。本章では、まずnginxにおけるリバースプロキシ機能について紹介します。続いて、実際にRuby on Railsアプリケーション、PHPアプリケーションを動作させるアプリケーションサーバを構築する方法について解説します。

6.1 リバースプロキシの構築

　リバースプロキシとは、ユーザのリクエストを受け取りそれを上位サーバ（アップストリームサーバ）に転送する機能です（**図6.1**）。リバースプロキシには主に2つの役割があります。

図6.1　リバースプロキシサーバ

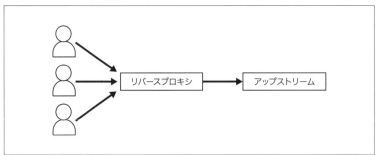

負荷分散のための役割

　1つ目はユーザのリクエストを最初に受けるフロントとして負荷を分散する役割です（**図6.2❶**）。

図6.2 リバースプロキシの役割

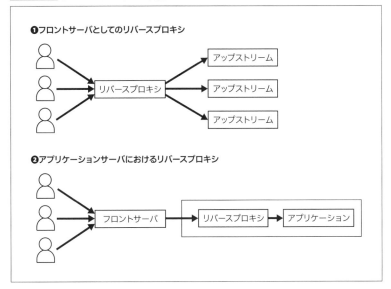

フロントサーバとしてのリバースプロキシには次のような役割があります。

- ロードバランス
- コンテンツキャッシュ
- HTTPS通信の終端化

ロードバランスは複数のサーバにリクエストを振り分け、アプリケーションの負荷を分散させる機能です。コンテンツキャッシュやHTTPS通信の終端化はどちらもユーザと直接コネクションを持つサーバで行うほうが効率が良いため、フロントサーバで行うのが一般的です。

このように、フロントサーバとしてのリバースプロキシは、複数のサーバに処理を分散しスケールアウトするためや、それぞれのサーバで共通した処理を一括して行うことで処理を効率化するために行われます。

nginxを用いたロードバランスによる負荷分散については第7章「ロードバランサの構築」(183ページ)で詳しく解説します。

第 **6** 章　Webアプリケーションサーバの構築

Webアプリケーションサーバにおけるリバースプロキシ

　2つ目はWebアプリケーションサーバにおけるリバースプロキシとしての役割です。一般的にWebアプリケーションと同じサーバ上で動作させます（図6.2 ❷）。Webアプリケーションサーバにおけるリバースプロキシの主な役割には次のような機能が挙げられます。

- 静的ファイルの配信
- リクエストの書き換え
- アクセス制限、不正なリクエストのフィルタリング
- gzip圧縮転送
- リクエストのロギング
- リクエストとレスポンスのバッファリング

　これらの処理は第3章、第4章で説明したnginxの基本的な機能です。nginxの機能を用いることで、アプリケーションに複雑な実装を行うことなく、これらの機能が実現できます。

　このようなHTTPサーバとしての機能をアプリケーション上に実装しないことは、車輪の再発明を防ぐ以上の効果があります。HTTPサーバの基本機能をアプリケーションで実装すると、思わぬバグや脆弱性の混入の原因になる可能性があります。重要な基本機能をアプリケーションからnginxに委譲することにより、メンテナンスコストを減らし、さらにアプリケーションへのバグや脆弱性の混入の可能性を減らすことができます。

　アプリケーションサーバにリバースプロキシが必要な理由はもう一つ、リクエストやレスポンスのバッファリング処理も挙げられます。アプリケーションプロセスがユーザのリクエストを直接受ける場合、アプリケーションのスレッドはユーザへの転送が終わるまでブロックされほかの処理を行うことができません。これを防ぐにはイベント駆動などの実装が必要になりますが、リバースプロキシを利用することでこの問題を回避できます。nginxがプロキシサーバとしてリクエストとレスポンスをバッファリングすることで、アプリケーションがブロックされる時間を最小化できるほか、アプリケーションがブロックされている間もほかのリクエストをnginxがバッファリングできます。これによりアプリケーションサーバは同じ時間でより多くのリクエストを処理することが可能になり、アプリケーション

124

サーバのスループットを向上させることができます(**図6.3**)。

図6.3 リバースプロキシによるリクエストのバッファリング効果

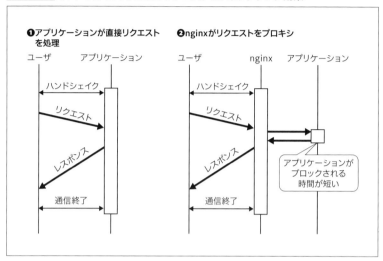

リバースプロキシの設定

それではリバースプロキシを実現する設定を見ていきましょう。**リスト6.1**はnginxから同じホストのTCP8080番ポートで動作しているアプリケーションサーバにプロキシする例を示しています。

リスト6.1 nginxによるリバースプロキシ

```
server {
    location / {
        # ❶リクエストボディのバッファリングに関する設定
        client_max_body_size 8m;
        client_body_buffer_size 16k;
        client_body_temp_path /dev/shm/nginx_client_body_temp;

        # ❷アップストリームサーバからのレスポンスのバッファリングに関する設定
        proxy_buffering on;
        proxy_buffer_size 8k;
        proxy_buffers 64 8k;
        proxy_max_temp_file_size 1024m;
        proxy_temp_path /dev/shm/nginx_proxy_temp;
```

第 **6** 章　Webアプリケーションサーバの構築

```
      # ❸タイムアウトに関する設定
      proxy_connect_timeout 5s;
      proxy_send_timeout 10s;
      proxy_read_timeout 10s;

      proxy_pass http://127.0.0.1:8080; ❹
  }
}
```

プロキシ先の指定

　nginxでリクエストをプロキシするには、❹のようにproxy_passディレクティブを指定します（**書式6.1**）。proxy_passディレクティブは、指定したコンテキストにマッチしたリクエストを、アップストリームサーバにプロキシします。

書式6.1 proxy_passディレクティブ

構文	**proxy_pass** 転送先URI;
デフォルト値	なし
コンテキスト	location、location中のif、limit_except
解説	指定したURIやアップストリームにリクエストをプロキシする

　パラメータには転送先のURIを指定します。プロトコルスキームとしてhttpまたはhttpsを指定できます。

　proxy_passディレクティブが設定されているコンテキストにリクエストがマッチした場合、URIで指定されているホストにリクエストを転送します。URIにパスを指定することでURIを書き換えることも可能です。**リスト6.2**の例では、**表6.1**のようにリクエストが書き換えられプロキシされます。

リスト6.2 proxy_passディレクティブの指定方法

```
server {
    server_name www.example.com;

    location /docs/ {
        proxy_pass http://127.0.0.1:8080; ❶
```

126

```
    }

    location /api/auth/ {
        proxy_pass http://127.0.0.1:8081/auth/; ❷
    }

    location /system/ {
        proxy_pass http://unix:/var/run/nginx.sock:/api/; ❸
    }
}
```

表6.1 マッチするURIとアップストリームサーバへのリクエストの例

設定	URIの例	アップストリームサーバに リクエストされるURI
❶	http://www.example.com/docs/chapter1.html	http://127.0.0.1:8001/docs/chapter1.html
❷	http://www.example.com/api/auth/login	http://127.0.0.1:8001/auth/login
❸	http://www.example.com/system/stats	http://unix:/var/run/nginx.sock:/api/stats

　ここでは3つのlocationディレクティブが定義されています。❶のproxy_passディレクティブには特にパスが指定されていません。この場合はリクエストの書き換えが行われずそのままプロキシされます。

　❷では、proxy_passディレクティブに/auth/パスが指定されています。このとき、locationコンテキストの指定とマッチしたパスが指定したパスに置換されます。つまり/api/auth/は/auth/に置換されてからプロキシされます。

　❸のようにUNIXドメインソケットを指定することも可能です。この場合UNIXドメインソケットとプロキシ先のパスは❸のようにコロン(:)で区切って指定します。

リクエストボディに関する設定

　アプリケーションサーバではPOSTメソッドなど大きなサイズのリクエストボディを扱うことがあります。リクエストボディはnginxによってバッファリングされるため、いくつかのパラメータを調整しておく必要があります(リスト6.1❶)。

第 **6** 章　Webアプリケーションサーバの構築

▌リクエストボディの最大サイズ

client_max_body_sizeディレクティブは、受信できるリクエストボディの最大サイズを設定します（**書式6.2**）。実際のリクエストボディのサイズが設定した値を超えた場合、nginxは413（Request Entity Too Large）を応答してリクエストは処理されません。client_max_body_sizeディレクティブのデフォルト値が1MBと小さい値になっているため、画像や動画などファイルサイズが大きいコンテンツのアップロード機能がある場合、アプリケーション側で許可しているよりも大きなサイズを指定する必要があります。また、413（Request Entity Too Large）のエラー画面も作成しておく必要があるかもしれません。

書式6.2　client_max_body_sizeディレクティブ

構文	**client_max_body_size** リクエストボディの最大サイズ;
デフォルト値	1m
コンテキスト	http、server、location
解説	nginxが受信可能なリクエストボディの最大サイズを指定する

▌リクエストボディのバッファリング

client_body_buffer_sizeディレクティブは、nginxがリクエストボディの読み込みに利用するメモリバッファのサイズを設定します（**書式6.3**）。

書式6.3　client_body_buffer_sizeディレクティブ

構文	**client_body_buffer_size** リクエストボディの読み込みに利用するメモリバッファのサイズ
デフォルト値	16k（32ビット環境では8k）
コンテキスト	http、server、location
解説	nginxがリクエストボディの読み込みに利用するメモリバッファのサイズを指定する

リクエストボディのサイズが設定したバッファ容量を超えた場合、nginxは一時ファイルにバッファを出力します。そのため、ディスクI/Oが発生しリクエスト処理時間が長くなってしまうことがあります。

リクエストボディが指定したメモリバッファサイズに収まっていない場合、warnレベルでエラーログに次のメッセージが出力されます。

リバースプロキシの構築 **6.1**

実際には1行で出力される
```
2014/09/21 00:00:00 [warn] 8888#0:
*8888888888 a client request body is buffered to a temporary file /dev/shm/
nginx_client_body_temp/8888888888,
client: …
```

このエラーはエラーレベルがerrorより低いwarnになっているため、確認するにはerror_logディレクティブで明示的に指定する必要があります[注1]。

■ 一時ファイルの出力先

リクエストボディの一時ファイルの出力先はclient_body_temp_pathディレクティブで指定できます（**書式6.4**）。

書式6.4 client_body_temp_pathディレクティブ

構文	**client_body_temp_path** 一時ファイルの出力先ディレクトリ [ディレクトリの階層レベル];
デフォルト値	コンパイル時に設定
コンテキスト	http、server、location
解説	リクエストボディのサイズがバッファから溢れた際に書き出される一時ファイルの出力先を指定する

client_body_buffer_sizeディレクティブを大きくすることで一時ファイルの出力を抑えることもできますが、出力先デバイスをtmpfs[注2]にすることで、ディスクのI/O待ちを発生させなくすることができます。tmpfsを使用することはディスクI/Oをなくすために一見良い方法に思えるかもしれませんが、一時ファイルがtmpfsの容量を溢れるとスワップ領域に書き出され大きなI/O待ちとなってしまいます。1GBを超えるような大きなファイルがアップロードされる場合はSSDなどの高速なデバイスを使用するとよいでしょう。

レスポンスのバッファリングに関する設定

nginxではリクエストと同じくアップストリームサーバのレスポンスも

注1　詳しくは第3章「error_logディレクティブ」（49ページ）を参照してください。
注2　メモリ上の仮想的なファイルシステムです。

129

バッファリングします。これは前述したとおりクライアントとの通信が遅い場合に役立ちますが、プロキシを多段構成にしているときに巨大なレスポンスを応答している場合、フロント以外のバッファリングは無駄なI/Oの原因になることがあります。proxy_bufferingディレクティブを使用することで、このレスポンスのバッファリングを明示的に無効に設定できます（**書式6.5**）。

書式6.5 proxy_bufferingディレクティブ

構文	**proxy_buffering** on | off;
デフォルト値	on
コンテキスト	http、server、location
解説	アップストリームサーバからのレスポンスのバッファリングを有効／無効にする

　Webアプリケーションの前段としてnginxにプロキシを実行させる場合、バッファリングを有効にすることで前述したようにアプリケーションの処理時間を減らしスループットを向上させることができます。前述したとおり、複数のnginxを階層構造にしていて大きなレスポンスを扱う場合を除き、バッファリングは有効のままで、設定のチューニングを行ったほうがよいでしょう。バッファリングを有効にした状態でI/Oの発生を抑えるためには、いくつかの設定の追加が必要になります（リスト6.1❷）。

▌バッファサイズの指定

　レスポンスボディのバッファサイズはproxy_buffer_sizeディレクティブ（**書式6.6**）とproxy_buffersディレクティブ（**書式6.7**）の2つによって決定されます。

書式6.6 proxy_buffer_sizeディレクティブ

構文	**proxy_buffer_size** バッファ容量;
デフォルト値	4kまたは8k（使用するOSに依存）
コンテキスト	http、server、location
解説	アップストリームサーバからのレスポンスのバッファリングに利用する最初のバッファサイズを指定する

リバースプロキシの構築 **6.1**

書式6.7 proxy_buffersディレクティブ

構文	**proxy_buffers** バッファの個数 バッファ1つあたりの容量;
デフォルト値	8 4kまたは8k（使用するOSに依存）
コンテキスト	http、server、location
解説	アップストリームサーバからのレスポンスのバッファリングに利用するバッファの個数とサイズを指定する

　nginxはレスポンスボディをバッファリングするために、まずproxy_buffer_sizeディレクティブで指定した領域を確保します。この領域にレスポンスが収まりきらない場合、proxy_buffersディレクティブで指定したメモリ領域をさらに確保します。レスポンスサイズの平均が小さい場合、proxy_buffer_sizeディレクティブで指定するサイズを小さくしておくことでメモリ確保のオーバーヘッドを抑えることができます。

　proxy_buffersディレクティブで8KBのバッファを最大64個使用する場合、次のように記述します。

```
proxy_buffers 64 8k;
```

　このとき、1リクエストで使用されるレスポンスボディの最大バッファサイズは、8KB × 64 = 512KBに proxy_buffer_sizeディレクティブで指定した領域を足した値になります。

　proxy_buffersディレクティブで指定したバッファ容量を越えた場合、nginxは一時ファイルにバッファを出力します。基本的には指定したバッファサイズにすべてのレスポンスが収まるように設定しましょう。指定したバッファサイズにレスポンスが収まっていない場合はwarnレベルでエラーログに次のメッセージが出力されます。

実際には1行で出力される
```
2014/09/21 00:00:00 [warn] 8888#0:
*8888888888 an upstream response is buffered to a temporary file /dev/shm/n
ginx_proxy_temp/8888888888 while reading upstream,
client: …
```

　レスポンスをアプリケーションサーバから完全に受信し終わっていないとき、クライアントへの送信に使用するバッファサイズは制限されています。このバッファサイズはproxy_busy_buffers_sizeディレクティブで指

第 **6** 章　Webアプリケーションサーバの構築

定します（**書式6.8**）。

書式6.8	proxy_busy_buffers_sizeディレクティブ
構文	**proxy_busy_buffers_size バッファサイズ;**
デフォルト値	8kまたは16k（使用するOSに依存）
コンテキスト	http、server、location
解説	アプリケーションサーバからレスポンスを受信しているときの最大バッファ容量を指定する

　この値は、proxy_buffersディレクティブで指定した1つのバッファサイズと同じ、または2倍程度の値にするのが一般的です。また、proxy_buffersディレクティブで指定したバッファの合計サイズよりバッファ1つのサイズ以上小さい値である必要があります。

■一時ファイルの出力先の指定

　レスポンスボディの一時ファイルの出力先はproxy_temp_pathディレクティブで指定します（**書式6.9**）。

書式6.9	proxy_temp_pathディレクティブ
構文	**proxy_temp_path 一時ファイルの出力先ディレクトリ ［ディレクトリの階層レベル］;**
デフォルト値	コンパイル時に設定
コンテキスト	http、server、location
解説	アップストリームサーバからのレスポンスがバッファから溢れた際に書き出される一時ファイルの出力先を指定する

　リクエストボディの場合と同じくtmpfsにすることで、ディスクのI/O待ちを抑えることができます。ディスクI/Oを絶対発生させたくない場合には有効ですが、基本的にはproxy_buffersディレクティブで十分な容量を確保できるように指定するのがよいでしょう。

■一時ファイルの最大サイズの指定

　一時ファイルの最大サイズはproxy_max_temp_file_sizeディレクティブで指定できます（**書式6.10**）。レスポンスのサイズがこの容量を超えた場合、nginxはすべてのレスポンスをユーザに返すことができず途中で切られて

リバースプロキシの構築 **6.1**

しまいます。十分に大きな値を設定しておきましょう。

書式6.10 proxy_max_temp_file_sizeディレクティブ

構文	**proxy_max_temp_file_size** 一時ファイルの最大サイズ;
デフォルト値	1024m
コンテキスト	http、server、location
解説	アップストリームサーバからのレスポンスがバッファから溢れた際に書き出される一時ファイルの最大サイズを指定する

プロキシのタイムアウトに関する設定

　アップストリームサーバの処理が何らかの原因で遅延している場合、処理をタイムアウトしてユーザにエラー画面を応答したいことがあります。アップストリームサーバとのタイムアウトは、proxy_connect_timeoutディレクティブ（**書式6.11**）、proxy_send_timeoutディレクティブ（**書式6.12**）、proxy_read_timeoutディレクティブ（**書式6.13**）で指定します。デフォルトではすべての値が60秒となっており比較的長めです。リスト6.1❸では、エラー画面の出力までのタイムアウトをデフォルトよりも短く設定しています。アプリケーションの要件に合わせて適切な値を指定するようにしましょう。

書式6.11 proxy_connect_timeoutディレクティブ

構文	**proxy_connect_timeout** TCP接続確立のタイムアウト時間;
デフォルト値	60s
コンテキスト	http、server、location
解説	アップストリームサーバへのTCP接続確立のタイムアウト時間を指定する

書式6.12 proxy_send_timeoutディレクティブ

構文	**proxy_send_timeout** リクエスト送信のタイムアウト時間;
デフォルト値	60s
コンテキスト	http、server、location
解説	アップストリームサーバへのリクエスト送信のタイムアウト時間を指定する

第 **6** 章　Webアプリケーションサーバの構築

書式6.13	**proxy_read_timeoutディレクティブ**
構文	**proxy_read_timeout** レスポンス読み込みのタイムアウト時間;
デフォルト値	60s
コンテキスト	http、server、location
解説	アップストリームサーバからのレスポンス読み込みのタイムアウト時間を指定する

6.2

Ruby on Railsアプリケーションサーバの構築

さて、ここまでnginxにおけるプロキシの動作の基本的な設定を説明しました。続いてRuby on Railsアプリケーションを動作させる場合の設定について説明します。

Ruby on Railsを動作させるサーバプロセスとしては、Thin[注3]、Unicorn[注4]、Phusion Passenger[注5]が挙げられますが、本書ではUnicornを利用した場合の例を示します。

Ruby on Railsはアプリケーション上で動作するためにRackというインタフェースをベースにしており、UnicornはこのRackインタフェースを持ったアプリケーションサーバプログラムです。Rackインタフェースを利用していれば、Sinatraのようにほかのフレームワークを使用して記述されたアプリケーションもUnicornを利用して動作させることができます。

Unicornには次のような特徴があります。

- forkを使用したシンプルなマスタ/ワーカプロセスモデル
- CPU、メモリの消費量が比較的少ない
- ダウンタイムなしでアプリケーション更新が可能

Unicornはforkを用いたマルチプロセスモデルになっており、それぞれ

注3　http://code.macournoyer.com/thin/
注4　https://rubygems.org/gems/unicorn
注5　https://www.phusionpassenger.com/

134

のワーカプロセスが共有ソケットからリクエストを取得し処理します。こ
れはnginxによく似た構成ですが、Unicornはnginxとは異なりイベント
駆動型のアーキテクチャを持っていません。そのためワーカプロセスは一
度に一つだけリクエストを処理します。このモデルの問題点は、同時に処
理できるリクエスト数がプロセス数と同じに制限されてしまうことです。
ユーザへのレスポンス転送に時間がかかってしまうと、その間プロセスを
ずっとブロックしてしまいます。

　そこでnginxの出番です。nginxはユーザへのレスポンスをすべてバッ
ファリングします。これによりUnicornのプロセスがブロックされる時間
は処理中とnginxとやりとりする時間だけになり、スループットを大きく
向上できます。またアプリケーションで処理する必要がない画像ファイル
などの静的ファイルはnginxが直接配信することで、アプリケーションが
処理するリクエストを削減できます。

　このようにnginxとUnicornを組み合わせることで、イベント駆動など
の複雑な処理をアプリケーションプロセスに実装する必要がなく、低遅延
で高スループットの処理を実現しています。

Unicornの Ruby on Railsアプリケーションへの組込み

　Unicornは Rubyの gemとして提供されているため、Gemfileに追記す
るだけでインストールが可能です（**リスト6.3**）。Unicornだけでも動作さ
せることは可能ですが、ここではプロセス管理を容易にするため foreman[注6]
も使用しています。

リスト6.3 Gemfile

```
gem 'unicorn'
gem 'foreman'
```

　Unicornの設定は Ruby DSLにより記述します。設定ファイルは一般的
にプロジェクトのconfigディレクトリに配置することが一般的です。**リス
ト6.4**に Unicornの設定例を示しました。

注6　https://rubygems.org/gems/foreman

第 **6** 章　Webアプリケーションサーバの構築

リスト6.4 config/unicorn.rb

```
# ワーカプロセス数
# - メモリ使用量が搭載量を超えないように注意
# - CPUの処理のみであればコア数と同じに設定するが、実際は
#   DBのI/O待ちも発生するためCPUコアの2倍程度を指定するとよい
worker_processes 8

# PIDファイル
pid "/var/run/rails-app-unicorn.pid"

# リッスンするソケットの指定
# ここではUNIXドメインソケットを指定している
listen "/var/run/rails-app-unicorn.sock"

# 標準出力、標準エラーのロギング
stdout_path "./log/unicorn.stdout.log"
stderr_path "./log/unicorn.stderr.log"
```

　次にforemanでプロセスを管理するため、ProcfileにUnicornプロセスの起動コマンドを記述しておきます(**リスト6.5**)。

リスト6.5 Procfile

```
web: bundle exec unicorn -c ./config/unicorn.rb
```

　Procファイルの記述が正しいかどうか確認するためにはforeman checkコマンドが使用できます。問題なければ次のようなメッセージが出力されます。

```
$ foreman check
valid procfile detected (web)
```

　Unicornプロセスを起動するには、foreman startコマンドを実行します。実行すると、フォアグラウンドでプロセスが起動し、ログが出力されます。ここでエラーが出力されていないか確認しておきましょう。

```
$ foreman start
00:00:00 web.1  | started with pid 8888
...
```

nginxの設定

　続いてnginxの設定を見ていきましょう。ここでは設定ファイルをnginx.

conf（**リスト6.6**）と sites-enabled/rails.example.com.conf（**リスト6.7**）
に分割しました。このようにバーチャルサーバの設定を別ファイルに分割
することで、nginx本体に関する設定を共通化し、設定を管理しやすくで
きます。

リスト6.6 nginx.conf

```
http {
    ...

    # sites-enabledディレクトリ以下すべての*.confファイルを読み込む
    include sites-enabled/*.conf;
}
```

リスト6.7 sites-enabled/rails.example.com.conf

```
server {
    server_name rails.example.com;

    root /home/app/rails-app-unicorn/public; ❶

    proxy_buffers 64 16k;
    proxy_max_temp_file_size 1024m;
    proxy_temp_path /dev/shm/nginx_proxy_temp;

    proxy_connect_timeout 5s;
    proxy_send_timeout 10s;
    proxy_read_timeout 10s;

    location / {
        try_files $uri $uri/ @app; ❷
    }

    location @app { ❸
        proxy_set_header Host $host; ❹

        proxy_set_header X-Forwarded-Host  $host;                        ❺
        proxy_set_header X-Forwarded-For   $proxy_add_x_forwarded_for;   ❻
        proxy_set_header X-Forwarded-Proto $scheme;                      ❼

        proxy_pass http://unix:/var/run/rails-app-unicorn.sock; ❽
    }
}
```

第**6**章　Webアプリケーションサーバの構築

▌静的ファイルの配信

　静的ファイルへのリクエストはnginxで処理し、それ以外のリクエスト
をアプリケーションプロセスにプロキシすることにより、静的ファイルの
応答負荷を小さくできます。これを実現するのがtry_filesディレクティ
ブ(❷)です(**書式6.14**)。

書式6.14 try_filesディレクティブ

構文	**try_files** ファイルパス … 転送先URI;
	try_files ファイルパス … =HTTPステータスコード;
デフォルト値	なし
コンテキスト	server、location
解説	指定されたファイルパスが存在する場合はその内容を返し、存在しない場合は最後に指定した転送先URIにリダイレクトする

　try_filesディレクティブはパラメータに指定したファイルパスを前か
ら順番にチェックし、ファイルがあればそのファイルの内容をレスポンス
として応答します。このときファイルはrootディレクティブで指定したデ
ィレクトリを基準に解決されます。どのファイルも存在しなかった場合、
最後に指定した転送先URIに内部リダイレクトを行います。

　リスト6.7❷では$uri変数を利用することで、リクエストされたパスの
ファイルをrootディレクティブ(❶)で指定したディレクトリから検索し、
ファイルが存在しなければアプリケーションに内部リダイレクトするよう
指定しています。

　内部リダイレクトはnginxの持つ機能の1つです。内部リダイレクトで
は、指定されたURIを用いてlocationコンテキストの解決を行います。try_
filesディレクティブ(❷)では@appをリダイレクト先として指定していま
す。アットマーク(@)から始まるロケーションは名前付きロケーション
(*named location*)と呼ばれます。このロケーションは内部リダイレクトだ
けでマッチする特殊な指定になります。

　@appロケーション(❸)では、proxy_passディレクティブ(❽)により
UNIXドメインソケットにプロキシするようにしています。このUNIXド
メインソケットはリスト6.4でUnicornのプロセスがリッスンするように
指定されています。

138

Hostヘッダと送信元情報の付与

　nginxでリクエストをプロキシする場合、デフォルトは`proxy_pass`ディレクティブに指定したサーバ名をHostヘッダに付加します。そのため、ユーザのリクエストしたHost情報がアプリケーションに渡されなくなってしまいます。これを解決するために、アップストリームサーバにプロキシする際のヘッダ情報を明示的に指定します。

　リクエストをプロキシする際にヘッダを付与するには`proxy_set_header`ディレクティブを使用します（**書式6.15**）。

書式6.15 proxy_set_headerディレクティブ

構文	**proxy_set_header** ヘッダフィールド名　指定する値
デフォルト値	Host $proxy_host Connection close
コンテキスト	http、server、location
解説	リクエストをプロキシする際に特定のヘッダを付与する

　図6.4にプロキシされるリクエストのフローを示しました。

図6.4　リバースプロキシでの送信元情報の付与

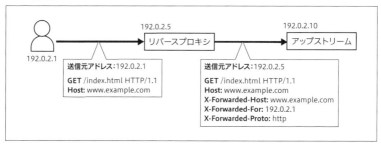

　`proxy_set_header`ディレクティブで指定したヘッダが付与され、アップストリームサーバにリクエストされます。リスト6.7では❹で`$host`変数をHostヘッダに指定しています。`$host`変数にはクライアントのリクエストしたホスト名、リクエストにHostヘッダが付与されていなかった場合はプライマリサーバ名が入っています。

　Hostヘッダ以外に、アップストリームに伝える必要がある情報にクライ

第**6**章　Webアプリケーションサーバの構築

アントのリクエスト情報があります。アップストリームサーバへのリクエストはすべてプロキシを経由するため、そのままではクライアントの送信元アドレスや使用したプロトコルがわからなくなってしまいます。このため、クライアントのリクエスト情報をいくつかのヘッダを付与することでアップストリームに伝えることができます（リスト6.7❺、❻、❼）。これらのヘッダは標準化されていませんが、Squid、Apache HTTPサーバなどでデファクトスタンダードとして使用されており、RubyのRackインタフェースもこれらのヘッダを解釈します。指定するヘッダを**表6.2**に示しました。

表6.2　プロキシする際に指定すべきヘッダ

ヘッダフィールド名	指定するパラメータ	説明	該当する設定
X-Forwarded-Host	$host	ユーザのリクエストに含まれるホスト名を指定する	リスト6.7❺
X-Forwarded-For	$proxy_add_x_forwarded_for	リクエストが経由したアドレスをすべて指定する	リスト6.7❻
X-Forwarded-Proto	$scheme	ユーザのリクエストが使用したHTTPスキームを指定する	リスト6.7❼

　X-Forwarded-Forヘッダにはリクエストが経由したアドレスがカンマ区切りで含まれています。アプリケーションはX-Forwarded-Forヘッダの最も初めに存在するアドレスを使用することでユーザの送信元アドレスを把握できます。nginxでは$proxy_add_x_forwarded_for変数にX-Forwarded-Forヘッダに指定すべき値が含まれています。

起動と動作確認

　それではnginxとUnicornプロセスを起動し動作を確認しましょう。Unicornを起動せずにnginxで指定したサーバにアクセスすると502（Bad Gateway）が表示されます。Unicornはforemanを使用して起動できます。起動する前にbundleコマンドを実行してgemのインストールを完了させておきましょう。

```
$ bundle install
```

　foremanを起動するにはstartを指定してコマンドを実行します。

```
$ bundle exec foreman start
00:00:00 web.1  | started with pid 8888
...
```

正しく起動すれば標準出力にログが表示されます。起動後ブラウザでアクセスし、Ruby on Railsアプリケーションが実行できているか確認しましょう。

6.3
PHPアプリケーションサーバの構築

続いてPHPアプリケーションを用いる場合の設定を見ていきましょう。Apache HTTPサーバでPHPを動作させる場合mod_phpモジュールを用いるのが一般的です。この方法ではHTTPサーバにPHPファイルを配置するだけでよく比較的簡単に構築が可能ですが、HTTPサーバとアプリケーションが同一プロセスで実行されており、リソースの管理が複雑になったり、プロセス数の調整が難しいといった問題があります。

PHP-FPM（*FastCGI Process Manager*）はこれらの問題を解決し、高負荷サイトでの運用に使用することを目的として開発されたPHPサーバです。PHP-FPMはHTTPサーバと独立したプロセスとして動作します。このため、HTTPサーバと権限を分離でき、PHPコードを実行する権限をより厳密にできます。PHP-FPMはPHP 5.3.3以降標準でバンドルされており、PHP 5.4.0 RC2以降ではオフィシャル実装の一つになっています。

本書ではこのPHP-FPMとnginxを用いてPHPアプリケーションサーバを構築する方法を紹介します。

PHP-FPMの設定

PHP-FPMの設定はphp-fpm.confに記述します。**リスト6.8**に例を示しました。php-fpm.confはphp.iniと同じINI形式のフォーマットで記述します。

第 **6** 章　**Webアプリケーションサーバの構築**

リスト6.8　php-fpm.conf

```
[www]
listen = /var/run/php-fpm.sock  ; ❶リッスンするソケットまたはソケットファイル
...
pm = dynamic                    ; ❷プロセスの制御方法
pm.max_children = 8             ; ❸子プロセスの最大数
pm.start_servers = 4            ; ❹起動時に作成される子プロセス数
pm.min_spare_servers = 2        ; ❺待機子プロセスの最小値
pm.max_spare_servers = 4        ; ❻待機子プロセス数の最大値
pm.max_requests = 500           ; ❼再起動するまでの最大リクエスト数
```

　PHP-FPMでは複数の異なるアプリケーション設定のプロセスを同時に実行でき、同じ設定のプロセスのグループをプロセスプールと呼びます。このプロセスプールごとにセクションを分けて設定を記述します。初期状態ではwwwプロセスプールの設定が[www]セクションに記述されています。

　まず、listenディレクティブ（❶）でリッスンするアドレスを指定します。listenディレクティブの指定には、IPアドレス：ポート、ポート、UNIXドメインソケットのファイルパスが使用できます。ここではUNIXドメインソケットファイルのパスとして/var/run/php-fpm.sockを指定しています。

　pmディレクティブ（❷）にはondemandまたはdynamicを指定します。ondemandを指定した場合必要に応じてプロセスが起動されます。dynamicでは❸、❹、❺、❻、❼のパラメータによって起動するプロセス数が決定されます。

　ondemandを指定した場合の動きはApacheのPrefork MPMに似ています。対応するApacheのディレクティブを**表6.3**に示しました。

表6.3　PHP-FPMのdynamicモードと対応するApacheの設定

PHP-FPMの設定項目	Apacheの設定項目	説明
pm.start_servers	StartServers	起動時に作成される子プロセス数
pm.min_spare_servers	MinSpareServers	アイドル状態の子プロセスの最小数
pm.max_spare_servers	MaxSpareServers	アイドル状態の子プロセスの最大数
pm.max_requests	MaxRequestsPerChild	各子プロセスが再起動するまでのリクエスト数

nginxの設定

Ruby on Railsアプリケーションの場合に使用したUnicornは、nginxと
HTTPプロトコルで通信していました。対してPHP-FPMは、FastCGI
Process Managerという名のとおりFastCGIプロトコルを使用します。nginx
ではfastcgi_passディレクティブを使用することで、HTTPのリクエストを
FastCGIプロトコルでプロキシできます(**書式6.16**)。

書式6.16 fastcgi_passディレクティブ

構文	**fastcgi_pass** 転送先ホスト名;
	fastcgi_pass unix:UNIXドメインソケットファイル;
デフォルト値	なし
コンテキスト	location、location中のif
解説	FastCGIサーバへリクエストをプロキシする

リスト6.9にPHP-FPMにプロキシする場合の設定を示しました。❺の
fastcgi_passディレクティブで、PHP-FPMがリッスンしているUNIXド
メインソケットファイルを指定しています。

リスト6.9 sites-enabled/php.example.com.conf

```
server {
    server_name php.example.com;

    root /home/www/html;

    location ~* \.php$ {
        try_files $uri =404; ❶

        fastcgi_split_path_info ^(.+\.php)(/.+)$; ❷
        include fastcgi_params; ❸

        fastcgi_index index.php;
        fastcgi_param SCRIPT_FILENAME $document_root$fastcgi_script_name; ❹
        fastcgi_intercept_errors on;
        fastcgi_pass unix:/var/run/php-fpm.sock; ❺
    }
}
```

第6章 Webアプリケーションサーバの構築

　FastCGIプロトコルを利用する場合、リクエストに付与するいくつかのパラメータを指定する必要があります。これらのパラメータはfastcgi_paramディレクティブで指定します(**書式6.17**)。

書式6.17 fastcgi_paramディレクティブ

構文	**fastcgi_param** パラメータ名 値 [if_not_empty]
デフォルト値	なし
コンテキスト	http、server、location
解説	FastCGIサーバへプロキシするリクエストに付加するパラメータを指定する

　nginxでは一般に用いるパラメータをあらかじめ定義した設定ファイルfastcgi_paramsが添付されています。このfastcgi_paramsファイルをincludeディレクティブ(❸)で読み込んでいます。fastcgi_paramディレクティブ(❹)では、スクリプト名を絶対パスで指定するようパラメータを指定しています。if_not_emptyパラメータを付与した場合、FastCGIパラメータが空の場合のみ値をセットします。

　fastcgi_split_path_infoディレクティブ(❷)は、PATH_INFO部をパスから分割するために使用します(**書式6.18**)。

書式6.18 fastcgi_sprit_path_infoディレクティブ

構文	**fastcgi_split_path_info** 正規表現
デフォルト値	なし
コンテキスト	location
解説	PATH_INFO部の分割に使用する正規表現を指定する

　PHPではPATH_INFO環境変数を用いて、/index.php/article/1といったリクエストURIから/article/1を取り出し処理をすることがあります。ApacheではPATH_INFO環境変数を自動的に設定しますが、nginxではfastcgi_split_path_infoディレクティブにファイル名とPATH_INFO部を分割する正規表現を指定する必要があります。

　try_filesディレクティブ(❶)は、存在しないファイルへのリクエストがプロキシされないように指定しています。この指定により、PHPスクリプトが存在しない場合nginxで404(Not found)を出力できます。

すべてのページをindex.phpで処理

CakePHP、Laravel、Symfony、WordPressといったフレームワークやアプリケーションでは、index.phpですべてのリクエストを処理します。そのためすべてのページのリクエストをindex.phpのパラメータとして渡す必要があります。これらの設定は、Apacheでは.htaccessファイルを読み込むことで実現しますが、nginxでは.htaccessファイルを利用できません。しかし、前述したtry_filesディレクティブを使用することで同様の設定を行うことできます。try_filesディレクティブを使用する場合は次の設定を追加します。

```
location / {
  try_files $uri $uri/ index.php?q=$uri;
}
```

この設定では、リクエストされたURIのファイルが存在しない場合、index.phpにクエリパラメータを付与して内部リダイレクトが行われます。

C O L U M N

WebSocketプロキシとしてのnginx

WebSocketは従来のHTTP通信では難しいクライアントとサーバ間でのリアルタイム通信を実現するためのプロトコルです。nginxはWebSocketサーバへリクエストをプロキシする際に少しへッダを操作するだけでWebSocketサーバへのリバースプロキシとしても利用可能です。

```
# WebSocketサーバ (ws) へプロキシ
location /ws {
    proxy_set_header Upgrade $http_upgrade;
    proxy_set_header Connection "upgrade";
    proxy_http_version 1.1;
    proxy_pass http://ws;
}
```

6.4

まとめ

　本章ではアプリケーションサーバにおいてnginxがどのような機能を果たすのか、Ruby on Rails と PHP のアプリケーションサーバ構築を例に説明しました。アプリケーションサーバでは、nginxが静的ファイルを処理し、リクエストとレスポンスをバッファリングすることで、リクエストを効率良く処理できるようにします。

　アプリケーションサーバにHTTPでプロキシする設定は、HTTPを使用できればどのようなアプリケーションでも使用できます。Ruby、Perl、Go言語などで書かれた一般的なアプリケーションサーバに適用できるでしょう。

　リクエストのプロキシはnginxの主要な機能の1つです。次の章ではこのプロキシ機能を利用して、大容量のコンテンツ配信クラスタを構築する方法を紹介します。コンテンツ配信を実現する方法としてnginxのキャッシュ機能とロードバランスの方法について紹介します。これらはアプリケーションサーバの負荷低減と高速化においても参考になるでしょう。

まとめ **6.4**

COLUMN

rewriteとtry_filesディレクティブの挙動

第4章「リクエストURIの書き換え」(80ページ)で説明したrewriteディレクティブと本章で説明したtry_filesディレクティブは、どちらもnginx内部ではリダイレクトとして扱われています。たとえば次の設定を見てみましょう。

```
server {
    location / {
        proxy_set_header Host $host; ❶
        try_files $uri $uri/ @app;     ❷
    }
    location @app { ❸
        proxy_pass http://upstream.local:80;
    }
}
```

この設定ではtry_filesディレクティブ(❷)を利用し、@appロケーション(❸)に内部リダイレクトしています。❶ではproxy_set_headerディレクティブを使用してHostヘッダをプロキシするように指定していますが、実際のリクエストを確認すると、Hostヘッダは指定されていません。

これは内部リダイレクトの挙動によるものです。内部リダイレクトではロケーションを書き換えて、もう一度そのリクエストを処理します。そのためリクエストが処理された状態は引き継がれず、Hostヘッダは正しくセットされません。想定した挙動にするためには、❹の中にproxy_set_headerディレクティブを移す必要があります。

```
location @app { ❹
    proxy_set_header Host $host; # ここに記述するのが正しい
    proxy_pass http://upstream.local:80;
}
```

これと同じことはrewriteディレクティブでも発生します。try_filesディレクティブとrewriteディレクティブは内部リダイレクトで処理されることを理解し、書き換え後正しく反映されるように気を付けて設定しましょう。

第**7**章

大規模コンテンツ配信サーバの
構築

第 **7** 章　大規模コンテンツ配信サーバの構築

　ここまでの章では、静的ファイルを配信するHTTPサーバ、そしてアプリケーションサーバの構築方法について説明してきました。大規模なWebサービスにおいてアプリケーションと並んで必要となる技術がコンテンツ配信です。特に画像や動画と言ったリッチメディアが主体となるWebサービスにおいては、コストをかけずに大量のリクエストを処理する技術が必要不可欠になります。

　サービスの規模が大きくなるに伴い、リクエスト数は増加し、サーバの負荷は増大していきます。本章では筆者らの経験を踏まえ、主に大量の画像ファイルを配信するケースを想定し、多数のリクエストを処理するうえでどのような点に注目すべきか、またそのために利用できるnginxの機能にはどのようなものがあるか解説します。

7.1
大量のコンテンツを配信するには

　Webサービスにおいてコンテンツ配信は非常に重要な機能の1つです。ユーザ投稿型のWebサービスでは、コンテンツ配信はサービスの根幹であり、配信の遅延はアクセス数低下やユーザエクスペリエンスの劣化につながります。Webサービスにおいては、100ミリ秒を超える遅延があるとユーザは遅いと感じると言われており、100ミリ秒以内にコンテンツを配信することは、ユーザエクスペリエンスを向上させるうえで重要なポイントになります。

　「大量のコンテンツを配信できるようにする」というのは何をすることなのでしょうか？　少し乱暴な言い方ですが、一言で言うと「負荷をコントロールする」ということです。より正確な言い方をすれば、「処理限界を迎えている負荷（ボトルネック）を特定」し、「処理できるように対策を行う」と言ったところでしょうか。

問題点と対策のポイント

　一概にボトルネックといってもさまざまなものが考えられます。当然どのようなボトルネックがあるかによって取り得る対策も変化していきます。どん

大量のコンテンツを配信するには **7.1**

な負荷が存在しているのか現状を把握することが最適化の第一歩です。さて、細かい負荷を挙げればきりがありませんが、次の3つに注目してみましょう。

- CPU
- ディスクI/O
- ネットワーク

　この3つのハードウェアリソースは、Webアプリケーションにおいて特に問題になりやすいリソースです。このうちCPUの計算処理は、ロードバランスなどにより比較的負荷分散しやすいリソースと言えるでしょう。大規模コンテンツ配信において特に問題になりやすいのはディスクI/Oとネットワークの2つです。それぞれ詳しく見てみましょう。

▎ディスクI/O

　ディスクI/Oは、読み込み（read）と書き込み（write）の2つに分けることができます。ファイルのリクエストで発生する負荷は主に読み込み負荷です。対してファイルのアップロードや移動、削除で発生する負荷は主に書き込み負荷になります。どちらが問題かで取り得る対策は異なります。

　Linuxをはじめとした一般的なOSは、一度読み込んだディスクの内容をメモリにキャッシュするページキャッシュと呼ばれる機能を持っています。この機能により、ファイルがページキャッシュに載っている間はディスクからの読み込みは発生せず、ファイルを読み込むことができます。書き込みが発生した場合でも、いったんページキャッシュに書き込みを行い、一定間隔ごとにディスクへの書き込みを行います。これによって書き込み負荷も減少します。

　このように、ディスクI/Oが発生してもページキャッシュの効果によりボトルネックになっていないことがあります。実際にディスクI/Oが遅延の原因になっているかを知るには、I/O量ではなくCPUのI/O待ち（I/O wait）を確認することが重要です。CPUのI/O待ち時間は、処理をブロックしディスクに読み込み／書き込みを行っている時間を示しています。このI/O待ち時間をいかに減らすかが最適化のポイントです。

▎ネットワーク

　ネットワークの負荷を計る指針となる項目は大きく3つあります。

151

1つ目は帯域幅です。帯域幅は、一度にどれだけの量のデータを通信できるかを示します。これはハードウェアによってその上限が決まっています。現在一般的なネットワークインタフェースカード（NIC）において使用できる帯域は1Gbpsです。実際の実効帯域は980Mbps程度で、これ以上の帯域を使用するとパケットの遅延やパケットロスが発生してしまいます。

2つ目はネットワーク遅延です。ネットワーク遅延は、クライアントとサーバ間の物理的距離や接続品質により変化します。ネットワークの遅延はグローバルに展開するサービスでは大きな問題になることがあります。これを解消するには後述するCDN（*Content Delivery Network*）を使用することになります。

3つ目はTCPセッションのコネクション数です。TCPでは最大65,536個のポートを使用できますが、TCPでは1つのコネクションを接続すると送信元ポートとして1つのローカルポートを占有します。プロキシサーバではアップストリームとのコネクション数が増えると、ローカルポートが足りなくなり新たにTCPセッションを確立できなくなります。ローカルポートの枯渇を防ぐためには、カーネルパラメータなどの設定が必要です。

問題となる負荷の特定

負荷のモニタリングは運用の基本の一つです。普段から継続的に負荷を観測することでボトルネックを把握できます。また、品質が低下していないか監視するためには、レスポンス時間を把握しておくことも重要です。監視ツールを使用したモニタリングについてはこのあと第8章で詳しく説明します。

もう一つはサーバにログインして実際に確認する「触診」です。何かわからない原因でサーバの負荷が増大し緊急の対処が必要となった場合、コマンドを活用しすばやく問題になっているボトルネックを把握しなければなりません。筆者がよく使用するコマンドには**表7.1**のようなものがあります。

表7.1 負荷を確認する際によく利用するコマンド

名前	解説
top	各プロセスの状態、CPU、メモリリソースの使用状況を表示する
dstat	各リソースの使用率をリアルタイムに時系列プロットする
ss -s	現在使用しているソケットの統計情報を表示する

負荷削減へのアプローチ

　さて、ここまで説明した負荷に対するアプローチにはどのようなものがあるでしょうか。取り得る手法を大きく分けると2つになります。

- 1台で処理できる量を増やす（スケールアップ、チューニング）
- 複数台に処理を分散して1台あたりの負荷を下げる（スケールアウト）

　スケールアップは、ハードウェアを高速なものに置き換えることでサーバ自体の処理能力を向上させる方法です。たとえば、I/O待ちがボトルネックになっている場合、SSD（*Solid State Drive*、フラッシュドライブ）やPCI Express接続のフラッシュドライブを使用することで負荷を軽減できます。ネットワーク帯域に関しても10Gbpsやそれ以上の帯域を使用できるハードウェアを導入することでスケールアップが可能です。

　1台で処理できる量を増やす方法には、アルゴリズムや処理のチューニングもあります。リクエスト数が多い場合、アプリケーションのループ回数や、RDBのインデックス最適化などにより高速化することで大きな効果が期待できます。

　負荷削減のためのもう一つの方法がスケールアウトです。スケールアップ、チューニングは短期的な負荷削減には効果がありますが、チューニングには限界がありますし、過剰なスケールアップはコストの増大を招きます。また、1台のサーバのみをスケールアップした場合、その1台に障害が発生した場合、処理能力の著しい低下を引き起こしてしまいます。コストや冗長性確保の問題を解決しつつ、1台あたりの負荷を削減していくためには、いかにスケールアウトしやすい構成をとっておくかが重要です。

7.2
大規模コンテンツ配信のスケールアウト

　それでは大規模コンテンツ配信において、スケールアウトしていくためにはどのような方法をとれば良いでしょうか。ここではコンテンツ配信をスケールアウトする技術としてキャッシュとロードバランスを取り上げます。

第7章 大規模コンテンツ配信サーバの構築

キャッシュ

　キャッシュはオリジナルコンテンツの複製を一時的に保存しておくことで、負荷を低減、分散するための機能です。

　リクエストが増えると、ファイルの読み込み（I/O read）が大量に発生し、ディスクI/Oが増大します。結果としてI/O待ちを引き起こし処理時間の低下を招いてしまいます。多くのWebサービスの場合、少数のファイルにのみリクエストが集中し、大多数のほかのファイルへのリクエストはそれほど多くないでしょう。この参照頻度の偏りを利用し、参照頻度の高いファイルだけを別の高スペックなディスクデバイスやメモリ上にキャッシュすることで、全体として負荷を低減できます。

　キャッシュとオリジナルコンテンツを異なるサーバに配置するとき、キャッシュを担当するサーバをキャッシュサーバ、オリジナルコンテンツを配信するサーバをオリジンサーバと呼びます（図7.1）。

図7.1　コンテンツのキャッシュ

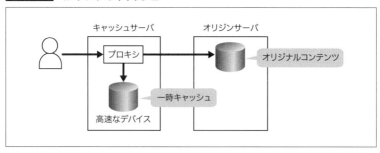

　アプリケーションプロセスがコンテンツを生成している場合、生成済みのコンテンツをキャッシュすることでCPU負荷を大きく減らすことも可能です。nginx以外のキャッシュ機能を持つHTTPプロキシとして代表的なものには次のようなものがあります。

- Apache HTTP Server[注1]
- Apache Traffic Server[注2]

注1　http://httpd.apache.org/docs/2.4/caching.html
注2　http://trafficserver.apache.org/

- Squid[注3]
- Varnish Cache[注4]

■ CDNによるキャッシュ

　コンテンツをキャッシュするには独自のキャッシュサーバを構築する以外にCDN(Contents Delivery Network)を利用する方法があります。CDNはキャッシュサーバを世界中に分散したクラスタで運用しているサービスです。これらのCDNはキャッシュサーバを各国に配置することで、ネットワークの遅延を最小化しています。また、大量のトラフィックを抱えることでスケールメリットを活かし、一般の回線事業者に比べ安価に通信帯域を調達しています(図7.2)。

図7.2　CDNによるコンテンツ配信の最適化

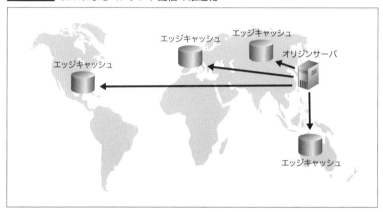

　東京－サンフランシスコ間では通常100ミリ秒以上のネットワーク遅延があり、これは無視できる値ではありません[注5]。グローバルサービスを展開している場合、CDNによるコンテンツ配信の最適化は必須の技術になります。

注3　http://www.squid-cache.org/
注4　https://www.varnish-cache.org/
注5　一般にネットワーク遅延と言った場合、パケットの往復にかかるRTT(Round Trip Time)を指します。東京－西海岸では光の速度でも約50ミリ秒かかるため、パケットの往復には最低でも100ミリ秒以上の時間がかかります。

第7章 大規模コンテンツ配信サーバの構築

■ キャッシュ対象による有効性の違い

コンテンツキャッシュの有効性は、キャッシュ対象となるコンテンツの種類により大きく異なります。これは参照頻度とその容量の2軸によって大まかに評価できるでしょう。

図7.3はファイルの種類ごとの参照頻度を示しています。このグラフのように、アクセスされやすいファイルの参照頻度は指数的に増加し、逆にユーザ投稿作品などはロングテールのグラフを描きます。

図7.3　リクエストされやすさによる参照頻度の違い

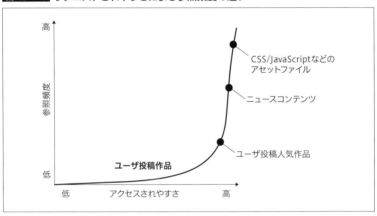

Webサービスにおいて最も参照頻度が高いのは、すべてのページで共通して使用されるJavaScriptやスタイルシートなどのアセットファイルです。これらのファイルは開発者が変更を行うためキャッシュ制御がしやすく、またサイズも大きくありません。これらのファイルはほぼすべてのページのレンダリングに必要になるため、遅延するとユーザの体感速度に大きく影響します。このように非常に参照頻度が高く、容量が小さいファイルはCDNが非常に有効です。jQueryなどのライブラリは無料でホスティングしているCDNもあるため、そのようなサービスを利用するのもよいでしょう[6]。

注6　たとえば、Googleがホストしている Google Hosted Libraries や、MaxCDNがホストしているjQuery CDN があります。
・Google Hosted Libraries
　https://developers.google.com/speed/libraries
・jQuery CDN
　https://code.jquery.com/

7.2 大規模コンテンツ配信のスケールアウト

ではユーザ投稿型のコンテンツ（User Generated Contents）ではどうでしょうか。ユーザが投稿するコンテンツは、その性質によって参照頻度が大きく変化します。たとえばランキングなどに掲載されたコンテンツの参照頻度は高く、その他のコンテンツは低くなり、図7.3のようにロングテールのグラフを描きます。全体の容量が多いため、参照頻度が低い大量のリクエストによって参照頻度が高いコンテンツがキャッシュから追い出されてしまい、結果としてキャッシュヒット率の低下を招きます。そのため、一般のCDNだけではキャッシュヒット率が低くなりがちです。このようにユーザ投稿型コンテンツなどの特殊な状況下では、大容量のキャッシュを持つキャッシュクラスタを構築する必要があります（**図7.4**）。

図7.4 対象によるキャッシュ方法

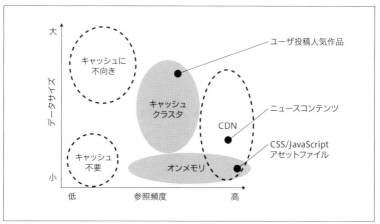

ロードバランス

それではどのようにしてキャッシュを分散しクラスタリングを実現するのでしょうか。キャッシュを分散するためにはロードバランスを行います。
ロードバランスは複数のサーバにリクエストを振り分けることで負荷を分散する機能です。ロードバランスを行うサーバのことをロードバランサと呼びます。複数台のサーバにリクエストを振り分けることで処理するリクエストを分散し、1台あたりが処理しなければならないリクエスト数を

減少させることができます(図7.5)。

図7.5　ロードバランス

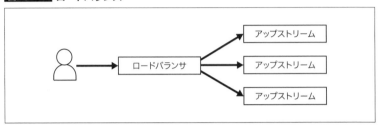

ロードバランサは大きく、TCP(*Transmission Control Protocol*)レベルで分散を行うL4[注7]ロードバランサとHTTPレベルで分散を行うL7[注8]ロードバランサに分けることができます。

L4ロードバランサ

L4ロードバランサはTCPコネクションごとのロードバランスを行います。TCPを利用していればどのようなプロトコルであってもバランシングできるのが特徴です。L4ロードバランサの代表的実装には、Linuxカーネルに組み込まれているLVS(*Linux Virtual Server*)があります。また本書では扱いませんが、nginxにはTCPロードバランサを行うためのstream機能が用意されています[注9]。

このL4ロードバランスの代表的方法にはNAT方式とDSR方式の2種類があります。

NAT方式ではNAT(*Network Address Translation*：ネットワークアドレス変換)によるロードバランスを行います。この方法は、ネットワークパケットの送信先アドレスを書き換えることで実現されます(図7.6)。パケットはすべてロードバランサを経由することになるため、ロードバランサのネットワーク帯域がボトルネックになります。

注7　OSI参照モデルにおける第4層(トランスポート層)のことです。ここではTCPが該当します。
注8　OSI参照モデルにおける第7層(アプリケーション層)のことです。ここではHTTPが該当します。
注9　stream機能はデフォルトでは有効になっていません。詳しくは第2章「モジュールの組込み」(20ページ)を参照してください。

図7.6 NAT方式によるL4ロードバランサ

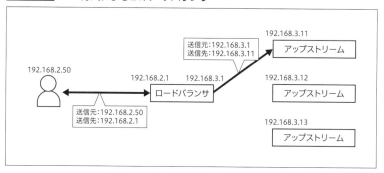

DSR(*Direct Server Return*)方式はこの問題を解決できる方法の1つです。DSRでは、アップストリームからの帰りのパケットがロードバランサを経由しません。一般的にHTTPでは送信よりも受信のトラフィックが大きいため、DSRによってロードバランサのトラフィックを大きく削減できます。

図7.7にDSRの一般的方法であるL2DSR方式を示しました。

図7.7 L2DSR方式によるL4ロードバランサ

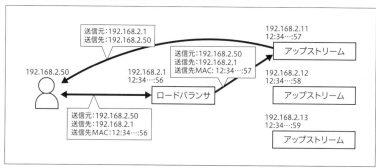

L2DSRではL2層でのアドレス変換を利用してTCPの分散を実現します。L2DSRではIPアドレスの書き換えを行わず、送信先MACアドレスのみを書き換えてアップストリームサーバにパケット送ります。アップストリームサーバにはロードバランサのIPアドレスを自身のIPアドレスとして解釈するように設定しておき、クライアントに対し直接パケットを返します。

注意点として、L2DSRはMACアドレスの書き換えによって実現されているため、IPネットワークを越えてバランシングすることはできません。複数ネットワークにまたがる場合、L3DSR方式[注10]を利用することでこの問題を回避できます。

L7ロードバランサ

L7ロードバランサはHTTPといったアプリケーション層を解釈してロードバランスを行う方法です。HTTPによるロードバランスでは、受け取ったリクエストを解釈し、同じリクエストをアップストリームサーバに送信することでリクエストを分散させます（**図7.8**）。そのため、コンテンツの種類やリクエストの内容に応じた細かな負荷分散が可能です。

図7.8 L7（HTTP）によるロードバランサ

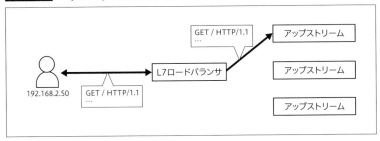

L7ロードバランサはHTTPをプロキシすることでセッションを振り分けるため、DSR方式は行えません。このためネットワーク負荷を減らすことはできませんが、ディスクI/OやCPUといったハードウェアの負荷削減には有効な手段です。

DNSラウンドロビンによるロードバランス

ロードバランサではありませんが、TCPの分散を行う方法としてはDNSを利用する方法があります。これは、1つのドメインに対し複数のアドレスの順番を入れ替えながら応答することで、リクエストを分散させる方法

注10　L3ネットワークをまたいでDSRを行う方法です。主にIPヘッダのDSCPフィールドを用いる方法とトンネリングを行う方法があります。

です(**図7.9**)。一般的なDNSであるBIND、UnboundはDNSラウンドロビンに対応しています。

図7.9 DNSラウンドロビンによる分散

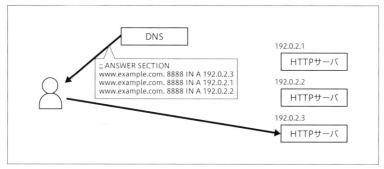

この方式の問題としては、DNSキャッシュのTTL（*Time To Live*、パケット有効期間）の問題があります。そのため障害が発生した場合に、そのサーバのIPアドレスをすぐにリストから削除したとしても、キャッシュのTTLが切れるまでHTTPサーバを切り離すことができません。

また、RFC 3484によるアドレス選択の問題もあります。RFC 3484では自分のネットワークと最も一致するネットワークのアドレスを優先的に選択するように定めています。そのためネットワークが異なる複数のアドレスをラウンドロビンに参加させていると、アドレスごとに偏りができてしまう場合があります。アドレス選択の問題を防ぐ方法としては、応答に含まれるアドレスの順番を入れ替えるのではなく、問い合わせごとに異なるレコードのセットを応答する方法があります。

7.3
nginxによるコンテンツキャッシュ

さて、それではnginxでキャッシュクラスタを実現する方法を見ていきましょう。まず最もシンプルな事例として、キャッシュとオリジナルコンテンツが同一サーバに格納されている場合の設定を示しました(**リスト7.1**)。nginxのキャッシュ機能は`ngx_http_proxy_module`に実装されており、こ

のモジュールはデフォルトで組み込まれるようになっています。この例では、拡張子がcssとjsのファイルをキャッシュするように指定しています。

リスト7.1 コンテンツキャッシュの例

```
http {
    proxy_cache_path /var/lib/nginx/cache/nginx levels=1 keys_zone=cache:4M
inactive=1d max_size=100M;  ❶
    proxy_temp_path /var/lib/nginx/cache/nginx_temp;

    server {
        listen 80;

        root /var/www/html;

        location ~* \.(css|js)$ {
            proxy_cache cache;  ❷
            proxy_cache_key "$scheme://$host$request_uri";  ❸
            proxy_cache_valid 200 301 302 1d;
            proxy_cache_valid 404 1m;
            proxy_cache_valid 500 5s;

            root /var/www/html/image;
        }
    }
}
```

保存先の指定

キャッシュファイルの保存先と各種パラメータを指定するには、proxy_cache_pathディレクティブ（リスト7.1❶）を使用します（**書式7.1**）。nginxではキャッシュのキー一覧をキーゾーンという単位で保存先ごとに管理します。proxy_cache_pathディレクティブには、キャッシュファイルを保存するパス、キーの管理に使用するキーゾーン名とその容量などのパラメータを指定します。

どのキーゾーンにキャッシュを保存するかはproxy_cacheディレクティブ（リスト7.1❷）を使用して指定します（**書式7.2**）。

proxy_cache_keyディレクティブ（リスト7.1❸）はキャッシュのキーとして使用する値を指定します（**書式7.3**）。nginxはこの値をキーとしてキャッシュの同一性を確認します。デフォルトではスキーム、プロキシ先のホス

nginxによるコンテンツキャッシュ **7.3**

書式7.1 proxy_cache_pathディレクティブ

構文	**proxy_cache_path** 保存先パス [levels=ディレクトリの階層レベル] [use_temp_path=on|off] keys_zone=キーゾーン名:サイズ [inactive=有効期限] [max_size=キャッシュの総容量] [loader_files=連続でロードするファイルの数] [loader_sleep=loader_files分ロードしたあとの停止時間] [loader_threshold=ロード後の停止時間];
デフォルト値	inactive=10m loader_files=100 loader_sleep=50 loader_threshold=200
コンテキスト	http
解説	キャッシュの保存先とそのキーゾーンを定義する

書式7.2 proxy_cacheディレクティブ

構文	**proxy_cache** キーゾーン名 | off;
デフォルト値	off
コンテキスト	http、server、location
解説	キャッシュに利用するキーゾーンを指定する

書式7.3 proxy_cache_keyディレクティブ

構文	**proxy_cache_key** キャッシュキー文字列;
デフォルト値	$scheme$proxy_host$request_uri
コンテキスト	http、server、location
解説	キャッシュのキーに使用する文字列を指定する

ト名、そしてリクエストされたURIをキーに使用します。

■ キーゾーンのサイズ指定

nginxではプロセス間でキャッシュを共有するため、キャッシュのメタデータを共有メモリに保存します。proxy_cache_pathディレクティブ(リスト7.1 ❶)のkeys_zoneパラメータには、このキーゾーン名とその共有メモリの容量を指定します。

現在の実装(バージョン1.9.5)では、1つのキャッシュファイルあたり、32ビット環境では64バイト、64ビット環境では128バイトの容量を必要とします。仮に64ビット環境でキーゾーン容量を1MBとした場合、約

163

8,000（1MB ÷ 128B）ファイルのメタデータを保持できます。このとき、次の式を用いることでディスク容量から必要なキーゾーンサイズを見積もることができます。

ゾーンの必要容量＝キャッシュの総容量÷1ファイルの平均サイズ×128B

たとえば1GBのキャッシュを準備したとき、1ファイルあたりの平均サイズが100KBであれば、キーゾーン容量は約1300KB必要であることがわかります。キャッシュに使用するディスク容量とファイルの平均サイズから適切な値を設定しましょう。

■ ディレクトリ階層の指定

キャッシュファイルの名前はキャッシュキーのハッシュ値が使用されます。proxy_cache_pathディレクティブ（リスト7.1❶）のlevelsパラメータには、このハッシュ値の何文字でディレクトリを分割するか指定します。キャッシュファイルをディレクトリに分割しておくことで、古いファイルシステムに存在するディレクトリ内のファイル数制限を回避できるほか、lsコマンドなどでファイル一覧を取得する際にも分割して処理できるメリットがあります。キャッシュ容量が大きく、ファイル数が増える場合はディレクトリに分割するように指定したほうがよいでしょう。

たとえばlevelsパラメータが1:2だった場合、図7.10のように分割されます。ハッシュ値の最後から1文字が第1階層のディレクトリ名に、最後から2文字目と3文字目が第2階層のディレクトリ名に使用されます。ハッシュ値が次の値だった場合、ファイルパスは次のようになります。

- ハッシュ値：
  0c41da539d4e470469ead97c6e024<u>c4b</u>
- 配置されるファイルパス：
  /var/cache/nginx/<u>b</u>/<u>c4</u>/0c41da539d4e470469ead97c6e024<u>c4b</u>

■ キャッシュ容量の指定

proxy_cache_pathディレクティブ（リスト7.1❶）のmax_sizeパラメータは、キャッシュファイルの総容量を指定します。キャッシュファイルがデバイスに作成できなくなると、nginxは正常にコンテンツを配信できなく

図7.10 levels=1:2の場合のキャッシュディレクトリ構造

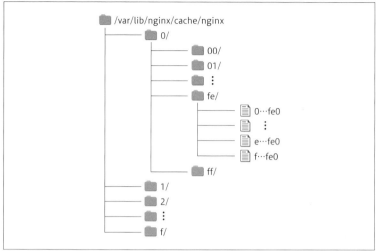

なってしまいます。必ずデバイスの容量よりも小さいサイズを指定する必要があります。

　nginxはキャッシュの容量を監視するため、キャッシュマネージャ（cache manager）と呼ばれるプロセスを起動します。このキャッシュマネージャは定期的にキャッシュファイルを確認し、最大容量を超えている場合、最も長い期間アクセスされなかったファイルを削除します。

■ キャッシュマネージャの制御

　`proxy_cache_path`ディレクティブの`loader_files`、`loader_sleep`、`loader_threshold`はキャッシュマネージャの動作を制御するためのパラメータです。この値を変更することで、キャッシュマネージャが発生させるI/Oを制御できます。各パラメータの意味は**表7.2**のとおりです。

表7.2 キャッシュマネージャの制御パラメータ

パラメータ名	解説	デフォルト値
loader_files	キャッシュマネージャが連続してキーゾーンからロードするファイルの数	100
loader_sleep	loader_files分ロードしたあとの停止時間	50msec
loader_threshold	1回のロードごとの制限時間	200msec

有効期限の指定

コンテンツキャッシュの有効期限は3つの設定で指定することになります。

❶キーゾーンごとのキャッシュ有効期限を設定する

❷オリジンサーバのレスポンスヘッダに有効期限を指定する

❸レスポンスヘッダで指定されなかった場合のHTTPステータスコードごとの有効期限を指定する

キーゾーンごとに有効期限を指定

最も基本的な設定は、キーゾーンごとの有効期限の設定です。この設定はproxy_cache_pathディレクティブにinactiveパラメータを指定するものです。これによりキーゾーンごとのキャッシュファイルの有効期限を指定します。指定した有効期限より長くリクエストされないとキャッシュファイルは削除されます。

たとえば有効期限を1時間にする場合、inactiveパラメータは次のように指定します。

```
proxy_cache_path /var/lib/nginx/cache levels=1:2 keys_zone=cache:4M inactive=1h;
```

パラメータを指定しなかった場合のデフォルト値は10分間です。10分間以上保持するキャッシュを設定する場合はinactiveパラメータを必ず指定しましょう。

レスポンスヘッダに有効期限を指定

キャッシュファイルごとに有効期限を指定する一般的な方法は、オリジンサーバからのレスポンスヘッダに含める方法です。nginxでは優先順位が高い順に、次のレスポンスヘッダフィールドを使うことで、キャッシュの有効期限を指定できます。

- X-Accel-Expires
- Cache-Control
- Expires

最も優先度が高いヘッダフィールドはX-Accel-Expiresヘッダフィールドです。このフィールドにはキャッシュファイルの有効期限が何秒かを指

定します。オリジンサーバ、またはキャッシュサーバにおいてレスポンス
ヘッダを設定する方法については「レスポンスヘッダの追加」(172ページ)
で後述します。

■ ステータスコードごとに有効期限を指定

キャッシュサーバはオリジンサーバからのレスポンスをそのままキャッ
シュしますが、応答するレスポンスによってはキャッシュ期間を短くした
いことがあります。たとえば次のような場合です。

- オリジンサーバへのファイル配置に問題があり、HTTPステータスコード404
  (Not Found)を応答していた
- オリジンサーバへのデプロイに失敗し、HTTPステータスコード500(Internal
  Server Error)を応答していた

このようにコンテンツの内容を正しく含まない、HTTPステータスコー
ド200(OK)以外のコンテンツキャッシュのことをネガティブキャッシュと
呼びます。ネガティブキャッシュはコンテンツの内容を含むキャッシュに
比べ、通常キャッシュする期間をかなり短く設定します。これはオリジン
サーバでの問題発生に対し、キャッシュの失効をできるだけ早く行い問題
を解決する一方で、ネガティブキャッシュの場合においてもオリジンサー
バへのリクエストが急激に増えすぎないように制限するためです。サービ
スの性質にもよりますが、有効期限は通常5〜60秒程度にするのがよいで
しょう。

nginxではproxy_cache_validディレクティブを用いることでステータ
スコードごとにキャッシュ有効期限を指定します(**書式7.4**)。

書式7.4 proxy_cache_validディレクティブ

構文	**proxy_cache_valid** [HTTPステータスコード …] 有効期限;
デフォルト値	なし
コンテキスト	http、server、location
解説	ステータスコードごとのキャッシュの有効期限を指定する

ステータスコードを指定しなかった場合、HTTPステータスコード200
(OK)、301(Moved Permanently)、302(Found)のレスポンスのみがキャッ

シュされます。次の場合これらのレスポンスが1時間キャッシュされます。

```
proxy_cache_valid 1h;
```

　ステータスコードの代わりにanyパラメータを指定することで、明示的に指定していないすべてのステータスコードに設定することもできます。200（OK）は1時間、それ以外のレスポンスをネガティブキャッシュも含め最低5秒はキャッシュする場合、次のようになります。

```
proxy_cache_valid 200 1h;
proxy_cache_valid any 5s;
```

キャッシュ条件の指定

　nginxはデフォルトでGET、HEADメソッドのレスポンスをキャッシュします[注11]。アプリケーションによってはGETメソッドであってもリクエストごとに異なるレスポンスを応答しなければならないことがあります。URIに応じて一部のキャッシュを無効にする場合にはlocationディレクティブが有効です。しかし、より複雑なキャッシュ制御が必要な場合proxy_cache_bypass（**書式7.5**）、proxy_no_cacheディレクティブ（**書式7.6**）を使用します。

書式7.5　proxy_cache_bypassディレクティブ

構文	**proxy_cache_bypass** 文字列 …;
デフォルト値	なし
コンテキスト	http、server、location
解説	レスポンスをキャッシュから取得する条件を定義する

書式7.6　proxy_no_cacheディレクティブ

構文	**proxy_no_cache** 文字列 …;
デフォルト値	なし
コンテキスト	http、server、location
解説	レスポンスをキャッシュする条件を定義する

注11　それ以外のメソッドのレスポンスをキャッシュするにはproxy_cache_methodsディレクティブを使用して指定できます。

右上: nginxによるコンテンツキャッシュ **7.3**

　proxy_cache_bypassディレクティブはキャッシュから取得を行うかどう
か、proxy_no_cacheディレクティブはキャッシュに保存するかどうかを判
定するという違いがあります。どちらのディレクティブも「文字列」の値が
0であればキャッシュを利用します。

　たとえば、特定のCookieがセットされたリクエストの場合にキャッシュ
の取得と保存を無効にするには次のようになります。

```
set $no_cache 0;
if ($cookie_nocache) {
    set $no_cache 1;
}

proxy_cache_bypass $no_cache;
proxy_no_cache $no_cache;
```

一時ファイルの保存先指定

　nginxはキャッシュするレスポンスをいったん一時ファイルに保存し、そ
の後指定したキャッシュ保存先にファイルを移動(rename)します。そのた
め一時ファイルの保存先がキャッシュファイルの保存先と同じデバイスで
はない場合、ファイルをコピーする必要がありディスクI/Oが発生します。
キャッシュファイルの保存先を指定するとき、一時ファイルの保存先を同
じデバイスに指定することでこのディスクI/Oをなくすことができます。

　一時ファイルの保存先を指定するには、proxy_temp_pathディレクティ
ブを使用します(**書式7.7**)。指定しない場合はコンパイル時に指定したパ
スが使用されます。

書式7.7 proxy_temp_pathディレクティブ

構文	**proxy_temp_path** 一時ファイルの保存先パス [ディレクトリの階層レベル];
デフォルト値	nginxをインストールしたディレクトリ内のproxy_tempディレクトリ
コンテキスト	http、server、location
解説	キャッシュの一時ファイルの保存先を指定する

169

キャッシュ更新負荷の削減

　キャッシュを利用した場合通常時のリクエスト数を減らすことができますが、キャッシュが失効した瞬間にリクエストがバーストする問題が発生します。このようにキャッシュ失効は、大きなネットワーク負荷やディスクI/Oの発生原因になってしまうことがあります。

　これを防ぐ一つの方法がproxy_cache_revalidateディレクティブを指定することです（**書式7.8**）。このディレクティブを指定すると、キャッシュの更新時にIf-Modified-Since、If-None-Matchヘッダフィールドをアップストリームサーバに対して発行します。オリジナルコンテンツが更新されていなかった場合はHTTPステータスコード304（Not Modified）が出力されるため、帯域負荷を抑えることができます。

書式7.8 proxy_cache_revalidateディレクティブ

構文	**proxy_cahce_revalidate** on | off;
デフォルト値	off
コンテキスト	http、server、location
解説	If-Modified-Since、If-None-Matchヘッダによるオリジナルコンテンツの更新チェックを有効／無効にする

　もう一つの方法は、キャッシュロックを利用する方法です。キャッシュロックを利用した場合、nginxは1つのリクエストがキャッシュの更新を行っている間、同じURIに対してのリクエストをブロックします。これにより、アップストリームサーバへの問い合わせ回数を制限できます。キャッシュロックを利用するには、proxy_cache_lockディレクティブを指定します（**書式7.9**）。

書式7.9 proxy_cache_lockディレクティブ

構文	**proxy_cahce_lock** on | off;
デフォルト値	off
コンテキスト	http、server、location
解説	キャッシュ更新中のファイルに対するリクエストのブロックを有効／無効にする

　キャッシュロックのタイムアウトはproxy_cache_lock_timeoutディレクティブで指定します（**書式7.10**）。デフォルトのロックタイムアウト時間は

5秒間です。

書式7.10 proxy_cache_lock_timeoutディレクティブ

構文	`proxy_cahce_lock_timeout` タイムアウト時間;
デフォルト値	5s
コンテキスト	http、server、location
解説	キャッシュ更新中のファイルに対するリクエストのブロックのタイムアウト時間を指定する

7.4

オリジンサーバの構築

さて、ここまでの設定でnginxのキャッシュ機能の動作について触れました。キャッシュとオリジナルコンテンツが同じサーバにある場合その有効性は限定的です。なぜならオリジナルコンテンツがすべてメモリのページキャッシュに収まっているのであれば、キャッシュを用いなくてもメモリから高速に応答できているからです[注12]。

現実的にはキャッシュサーバとは別にオリジナルコンテンツを格納するオリジンサーバを用意するのがより一般的な構成になるでしょう。CDNを利用する場合キャッシュサーバを自分で運用する必要はなくなるため、オリジンサーバだけを運用することになります[注13]。

オリジンサーバに必要な機能

オリジンサーバの役割は静的ファイルの配信です。nginxで静的ファイルを配信する方法については第4章でも触れました。実際にはgzip圧縮転送や、アクセス制限はキャッシュサーバ側で設定することも多いため、次のような機能が必要になります。

注12 キャッシュとオリジナルコンテンツが同じサーバに置く理由としてあり得るものとしては、メモリ領域を自分で制御したい場合や、メモリに収まらない量のコンテンツがあることが考えられます。この場合、大容量のHDDのほかにSSDを搭載し、キャッシュの格納デバイスを分けることで配信速度を上げることができます。

注13 オリジンサーバとしてAmazon S3やCDNのストレージサービスを利用する方法もあります。

171

第 **7** 章　大規模コンテンツ配信サーバの構築

- キャッシュ制御のためのレスポンスヘッダ指定
- コンテンツファイルの変換
- 配信するファイルのアップロード

　これらの解説を行ったあと、コンテンツファイルを変換する機能として
ngx_http_image_filter_moduleによるサムネイル生成について触れます。
最後に配信するファイルをWebDAVを用いて配置する方法について紹介し
ます。

　WebDAVはHTTPを拡張したもので、リモートサーバ上のコンテンツを
作成、更新、移動、削除が可能です。nginxではWebDAVを利用すること
でファイルのアップロード、変更、削除を簡単に実現できます。

レスポンスヘッダの追加

　レスポンスヘッダを追加するためにはadd_headerディレクティブを使用
します（**書式7.11**）。

書式7.11　add_headerディレクティブ

構文	**add_header** ヘッダフィールド名 値 [always];
デフォルト値	なし
コンテキスト	http、server、location、location中のif
解説	レスポンスヘッダを追加する

　たとえば、X-Accel-Expiresヘッダフィールドを追加する場合は次のよ
うになります。

```
add_header X-Accel-Expires 86400;
```

　X-Accel-Expiresヘッダが追加されていたとき、キャッシュサーバの
nginxはコンテンツキャッシュの有効期限を86400秒として扱います。add_
headerディレクティブはHTTPステータスコードが200や301、302とい
った正常系のステータスだった場合にのみ設定されます。この例では必要
ありませんが、alwaysパラメータを付加することで、404や500といった
エラーの場合にもヘッダフィールドを追加できます。

オリジンサーバの構築 **7.4**

　add_headerディレクティブはヘッダの追加のみを行うことができます。そのため、すでにアップストリームサーバで設定されているヘッダフィールドをadd_headerディレクティブに指定すると、次のように同じ内容のヘッダフィールドが2回出力されてしまいます。

```
Last-Modified: Thu, 01 Jan 1970 00:00:01 GMT
Last-Modified: Thu, 01 Jan 1970 00:00:01 GMT
```

　同じHTTPレスポンスヘッダフィールドが重複して受信された場合の挙動はHTTPでは定義されていないため、思わぬ不具合の原因になってしまうこともあります。これを防ぐためにはサードパーティモジュールであるheaders-more-nginx-module[注14]のmore_set_headersディレクティブを使用するとよいでしょう。このモジュールは第10章で紹介するOpenRestyにバンドルされています。

▌ExpiresとCache-Controlヘッダの追加

　「レスポンスヘッダに有効期限を指定」（166ページ）で説明したとおり、HTTP/1.1におけるキャッシュの制御にはExpiresヘッダとCache-Controlヘッダが使用されます。nginxではこれらのヘッダを追加する方法としてexpiresディレクティブが用意されています（**書式7.12**）。

書式7.12 expiresディレクティブ

構文	**expires** [modified] 有効期限;
	expires epoch | max | off;
デフォルト値	off
コンテキスト	http、server、location、location中のif
解説	Expires、Cache-Controlヘッダの追加・修正を有効／無効にする

　たとえば次の設定は、10日間キャッシュを保持します。

```
expires 10d;
```

　有効期限はリクエストされた時点の時刻を起点に計算されますが、

注14　https://github.com/openresty/headers-more-nginx-module

173

modifiedパラメータを指定した場合、ファイルの最終更新時刻からの有効
期限になります。

　epochパラメータを指定した場合、Expiresヘッダフィールドの値はThu,
01 Jan 1970 00:00:01 GMTになります。maxパラメータではThu, 31 Dec
2037 23:55:55 GMTになります。これはExpiresヘッダフィールドが取り得
る最も古い値と最も未来の値です。キャッシュを常に無効な状態にしたい
場合はepoch、常に有効な状態に保ちたい場合はmaxパラメータが使用でき
ます。

　Cache-Controlヘッダフィールドの値は**表7.3**のように変化します。これ
はExpiresヘッダフィールドの値と同様の挙動を示します。Cache-Control
ヘッダフィールドの値にmax-ageパラメータが指定されている場合、Expires
ヘッダフィールドの値は無視すべき、と規定されています[注15]。nginxでは
Expiresヘッダフィールドと同じ挙動をする値をCache-Controlヘッダフィ
ールドに出力しています。

表7.3 expiresディレクティブの指定とCache-Controlヘッダフィールドの値

expiresディレクティブの指定	出力されるCache-Controlヘッダフィールド
正の期間(例：60s)	Cache-Control: max-age=60
負の値	Cache-Control: no-cache
epoch	Cache-Control: no-cache
max	Cache-Control: max-age=315360000

▌指定するヘッダによる違い

　「レスポンスヘッダに有効期限を指定」(166ページ)で前述したように、
nginxのキャッシュ機能ではX-Accel-Expires、Expires、Cache-Control
ヘッダフィールドの値が参照されます。このうちExpiresとCache-Control
ヘッダはHTTP/1.1で定義されており広く使用されています。

　具体的にはブラウザのローカルキャッシュはExpiresとCache-Controlヘ
ッダに左右されます。たとえばCache-Controlヘッダフィールドの値にno-
cacheを指定するとブラウザは毎回サーバに問い合わせ、更新がない場合
のみキャッシュを利用するようになります。つまりこれらのヘッダはキャ
ッシュサーバとブラウザの両方のキャッシュを制御することになります。

注15　https://tools.ietf.org/html/rfc7234

対してX-Accel-Expiresヘッダフィールドはnginxのキャッシュのみを
制御します。つまり、ブラウザのキャッシュ有効期限よりも長くnginxに
キャッシュさせたい場合はX-Accel-Expiresヘッダフィールドを指定する
必要があることになります。また、CDNサービスによってはほかのヘッダ
フィールドをサポートしていることもあります。これらのヘッダもadd_
headerディレクティブを使用することでレスポンスに追加できます。

▎プライベートな情報をキャッシュさせないように注意

expiresディレクティブによる指定ではmax-ageパラメータのみを含む
Cache-Controlヘッダフィールドが出力されます（前述表7.3参照）。これは
通常の静的ファイルを配信するオリジンサーバにおいては問題ありません
が、Cookieなどを用いてユーザごとにコンテンツを出し分けている場合に
問題が発生します。ユーザごとの機密情報を含むコンテンツをCDNなど
中間のプロキシサーバがキャッシュしてしまうと、ほかのユーザに対して
もそのコンテンツが配信されてしまい大きな問題になります。

これを防ぐためにはCache-Controlヘッダフィールドにprivateパラメー
タを含めます。privateはキャッシュの共有を禁止することを示す値で、キ
ャッシュプロキシにはキャッシュさせず、ユーザ個別のブラウザにのみキ
ャッシュさせることが可能です。

Cache-Controlヘッダフィールドにprivateを含めつつ期間を指定する場
合は次のようになります。

```
Cache-Control: private, max-age=3600
```

expiresディレクティブを使用するとprivateパラメータは付与されない
ため、add_headerディレクティブを用いて明示的にCache-Controlヘッダ
フィールドを出力する必要があります。

```
add_header Cache-Control private, max-age=3600;
```

条件付きリクエストの利用

ここまでに説明したヘッダにより、ブラウザ、キャッシュサーバのキャ
ッシュ制御が可能です。これ以外にトラフィックを最小化する方法として
条件付きリクエストがあります。

第7章 大規模コンテンツ配信サーバの構築

　条件付きリクエストとは、キャッシュの有効期限が切れたときにそのキャッシュが有効かどうかを確認し、無効であれば新しいレスポンスを受け取る方法です。条件付きリクエストには次のようにIf-Modified-Since、If-None-Matchリクエストヘッダフィールドが付与されています。

```
GET / HTTP/1.1
Host: www.example.com
If-Modified-Since: Fri, 09 Aug 2013 23:54:35 GMT
If-None-Match: "359670651"
Accept: */*
```

　このIf-Modified-Sinceリクエストヘッダフィールド、If-None-Matchリクエストヘッダフィールドには、レスポンスキャッシュのLast-Modifiedヘッダフィールドと、ETagヘッダフィールドの値が含まれています。サーバはこれらの値を確認し、送信するファイルの内容が前回のキャッシュと変更されていないと判断できれば、HTTPステータスコード304（Not Modified）を送信し、ファイル内容の送信を省略できます。ファイルが変更されていれば、通常どおりHTTPステータスコード200（OK）を付与してファイルの内容を送信します。これにより、コンテンツを送信するトラフィックを大きく削減できます。

　一般的なブラウザは条件付きリクエストに対応しており、nginxでもproxy_cache_revalidateディレクティブ[注16]を使用することで、条件付きリクエストによるキャッシュの有効性確認が可能です（**図7.11**）。

図7.11 条件付きリクエスト

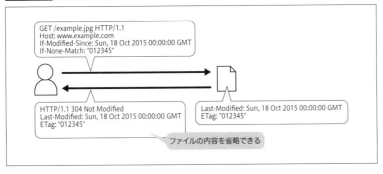

注16 「キャッシュ更新負荷の削減」（170ページ）を参照してください。

▌Last-Modifiedヘッダフィールド

Last-Modifiedヘッダフィールドはリソースの最終更新日時を指定します。

```
Last-Modified: Fri, 09 Aug 2013 23:54:35 GMT
```

nginxが直接ファイルを配信する場合は自動的にLast-Modifiedヘッダフィールドを付与しますが、Webアプリケーションの出力などにはLast-Modifiedヘッダフィールドが付与されません。ブラウザによってキャッシュしてもよい内容であり、最終更新時刻を生成できるのであれば、Last-Modifiedヘッダフィールドに適切な値を指定する必要があります。add_headerディレクティブを使用することで固定した値を出力することも可能です。

▌ETagヘッダフィールド

ETagヘッダフィールドにはリソースを一意に識別できるユニークな文字列を指定します。

```
Etag: "359670651"
```

ファイルが変更されたかどうかは最終更新日時のみで識別し、ETagヘッダフィールドによる条件付きリクエストは行いたくない場合もあるかもしれません。その場合はetagディレクティブでパラメータにoffを指定することでETagヘッダの出力をやめることができます（**書式7.13**）。

書式7.13 etagディレクティブ

構文	**etag** on | off
デフォルト値	on
コンテキスト	http、server、location
解説	ETagヘッダの生成を有効／無効にする

nginxではETagヘッダフィールドの値をファイルの更新日時とファイルサイズから計算します。そのため、更新日時が同じである限り、同一内容のファイルであれば同一の値がETagヘッダフィールドに指定されます。基本的にはETagヘッダフィールドを付与した状態で問題ないでしょう。

第**7**章　大規模コンテンツ配信サーバの構築

画像サムネイルの作成

　画像を配信する場合、オリジナルサイズ以外にもリサイズやクロップ[注17]を行ったサムネイル画像が必要になることがあります。これらの処理をリクエスト時に動的に行うことで、さまざまなサイズの画像をあらかじめ用意しておかずに済み、ページレイアウトにあったサイズを生成することで転送量を削減できます。

　ngx_http_image_filter_moduleはGD[注18]による画像処理を行うことで、画像のリサイズやクロップ、回転、フィルタといった処理を実現します。それほど高機能でもなく高画質な変換が可能なわけではありませんが、ちょっとした組込みには便利な機能です。

▌ngx_http_image_filter_moduleの組込み

　ngx_http_image_filter_moduleはデフォルトでは組み込まれないので、configureスクリプトに--with-http_image_filter_moduleを明示的に指定してビルドする必要があります。

```
$ ./configure --with-http_image_filter_module
$ make
$ sudo make install
```

　また、依存ライブラリであるGDが必要になります。PCREやzlib、OpenSSLと違って静的に組み込む方法は提供されていないため、別途インストールする必要があります。

▌画像の縮小とクロップ

　ngx_http_image_filter_moduleにはリサイズ、クロップをはじめとして、画像の回転、透過、シャープネスやJSONによる画像情報の取得などさまざまな機能があります。ここではサムネイル生成によく用いられる縮小とクロップについて紹介します。ngx_http_image_filter_moduleでは、image_filterディレクティブによって設定を行います（**書式7.14**）。

注17　指定したサイズに画像を切り抜く処理のことです。
注18　http://libgd.bitbucket.org/

178

オリジンサーバの構築 **7.4**

書式7.14 image_filterディレクティブ

構文	**image_filter** off; test; size; rotate 90 | 180 | 270; resize 幅 高さ; crop 幅 高さ;
デフォルト値	off;
コンテキスト	location
解説	画像処理の方式を指定する

　リサイズを行う場合は、resizeパラメータに幅と高さをピクセル単位で指定します。たとえば150 × 150ピクセルにリサイズする場合は次のようになります。

```
location ~ \.(png|gif|jpe?g)$ {
    image_filter resize 150 150;
}
```

▌バッファサイズの指定

　ngx_http_image_filter_moduleでは、画像データを読み込む際の最大バッファサイズを指定する必要があります。デフォルトでは1MBであるため、より大きな値を指定しておく必要があるかもしれません。バッファサイズを指定するにはimage_filter_bufferディレクティブを用います（**書式7.15**）。処理対象のデータがこのサイズを越えた場合、HTTPステータスコード415（Unsupported Media Type）が応答されます。このディレクティブはclient_max_body_sizeディレクティブ[注19]とは別に設定する必要があるので注意が必要です。

書式7.15 image_filter_bufferディレクティブ

構文	**image_filter_buffer** バッファサイズ;
デフォルト値	1m
コンテキスト	http、server、location
解説	画像データの読み込みに利用するバッファの最大サイズ

注19　第6章「リクエストボディの最大サイズ」（128ページ）を参照してください。

第**7**章　大規模コンテンツ配信サーバの構築

WebDAVによるアップロード

オリジンサーバにファイルをデプロイする方法にはいくつかの方法があります。scpやrsyncコマンドを使ったSSH経由でのデプロイや、それらを自動化するCapistranoのようなツールを利用する方法、AnsibleやChef、Puppetといったオーケストレーションツールを使う方法も考えられます。

Webアプリケーションからオリジンサーバにコンテンツを配置する方法としては、簡単なものにWebDAVプロトコルがあります。nginxはこのWebDAVによるファイルのアップロードをサポートしています。

■ ngx_http_dav_moduleの組込み

ngx_http_dav_moduleはデフォルトでは組み込まれないので、configureスクリプトに--with-http_dav_moduleを指定してビルドする必要があります。

```
$ ./configure --with-http_dav_module
$ make
$ sudo make install
```

■ WebDAVサーバの設定

WebDAVサーバは配信用のオリジンサーバと別のバーチャルサーバを設定します。同じバーチャルサーバを指定することもできますが、もしもキャッシュサーバ経由でWebDAVのメソッドが実行されてしまった場合、外部からファイルの更新や削除が行われる可能性がありセキュリティ上の懸念が発生します。最低でもWebDAVが使用できるのは内部ネットワークのみにとどめておく必要があります。さらなる制限が必要があれば、第4章で説明したアクセス制限や認証を導入することも考えましょう。特定のWebDAVメソッドに対して制限をかける場合はlimit_exceptディレクティブが有効です。

基本的なWebDAVサーバの設定は**リスト7.2**のようになります。

リスト7.2 基本的なWebDAVサーバ

```
server {
    listen 192.168.0.1:8080; # 配信用オリジンサーバと異なるポートを指定し
                             # プライベートアドレスのみをlistenするように設定する

    client_max_body_size 1g; # ❶大きなファイルがアップロードできるようにする
```

180

オリジンサーバの構築 **7.4**

```
    location / {
        # ❷アップロード先ディレクトリ
        root /home/www/data;
        # ❸アップロード先ディレクトリと同じデバイスに一時ファイルを配置する
        client_body_temp_path /home/www/client_temp;
        # ❹使用できるWebDAVメソッドを指定
        dav_methods PUT DELETE MKCOL COPY MOVE;
        # ❺ディレクトリを自動的に生成する
        create_full_put_path on;
        # ❻ファイルの権限を指定する
        dav_access group:rw all:r;
    }
}
```

WebDAVではリクエストのボディサイズが大きくなるため、client_max_body_sizeディレクティブ(❶)を大きめの値にしておきます。

アップロードするディレクトリはrootディレクティブで指定します(❷)。rootディレクティブで指定したアップロード先のディレクトリには、nginxのワーカプロセスを実行しているユーザに書き込み権限がある必要があります。ワーカを実行するユーザはuserディレクティブで指定できます[20]。

使用できるメソッドの指定

使用できるWebDAVのメソッドはdav_methodsディレクティブ(❹)で指定します(**書式7.16**)。

書式7.16 dav_methodsディレクティブ

構文	**dav_methods** off | 使用できるメソッド …;
デフォルト	off
コンテキスト	http、server、location
解説	WebDAVで使用できるメソッドを指定する

サポートされているメソッドはPUT、DELETE、MKCOL、COPY、そしてMOVEメソッドです。PUTメソッドはいったん一時ファイルを出力してから移動を行います。そのため、client_body_temp_pathディレクティブ(❸)を用いて同じデバイスに一時ファイルのパスを指定しておきましょう。PUTメソッドではDate

---

注20 第3章「プロセスの動作に関する設定」(51ページ)を参照してください。

181

ヘッダフィールドを指定することでファイルの変更日付を指定できます。

create_full_put_pathディレクティブ(**❺**)を指定しておくと、アップロード先ディレクトリが存在しなかった場合、そのディレクトリを自動的に作成します(**書式7.17**)。これによりPUTメソッドに必要なディレクトリ作成のためにMKCOLメソッドをリクエストする必要がなくなります。

書式7.17 create_full_put_pathディレクティブ

構文	**create_full_put_path** on | off;
デフォルト	off
コンテキスト	http、server、location
解説	アップロード先ディレクトリの自動作成を有効／無効にする

dav_accessディレクティブ(**❻**)は、作成するファイルやディレクトリのパーミッションを指定します(**書式7.18**)。例では、グループに読み込みと書き込み権限、すべてのユーザに読み込み権限を指定しています。

書式7.18 dav_accessディレクティブ

構文	**dav_access** パーミッション …;
デフォルト	user:rw
コンテキスト	http、server、location
解説	作成するファイルやディレクトリのパーミッションを指定する

WebDAVの動作確認

正しくWebDAVが設定できているか確認してみましょう。WebDAVはHTTPを拡張したプロトコルであるため、cURLなど一般的なHTTPクライアントで確認できます。curlコマンドでファイルをアップロードする場合は次のように実行します。

```
$ curl -v -X PUT http://192.168.0.1:8080/tmp/test.txt --data-ascii "Hello, WebDAV"
```

正しくアップロードできていれば、GETメソッドで取得できるはずです。次のコマンドでアップロードしたファイルの内容を取得できます。

```
$ curl http://192.168.0.1:8080/tmp/test.txt
```

ロードバランサの構築 **7.5**

7.5

ロードバランサの構築

　ここまで、コンテンツ配信におけるキャッシュ、オリジンサーバの構築について説明しました。これらのサーバをスケールアウトするために重要な技術がロードバランスです。

　nginxでは、第6章でも使用したプロキシ機能によってHTTPロードバランスを実現できます。たとえば3台にリクエストを分散する場合の設定は**リスト7.3**のようになります。

リスト7.3 nginxによるロードバランス

```
upstream backends { ❶
    server 192.0.2.1:80 weight=2; ❷
    server 192.0.2.2:80 weight=1;
    server 192.0.2.3:80 weight=1;
}

server {
    listen 80;
    server_name www.example.com;

    location / {
        proxy_pass http://backends;
    }
}
```

アップストリームサーバの指定

　複数のアップストリームサーバを指定するためには、ngx_http_upstream_moduleのupstreamディレクティブ(❶)を使用します(**書式7.19**)。upstreamディレクティブでは、アップストリームサーバのリストをserverディレクティブ(❷)で指定します(**書式7.20**)[注21]。

注21　upstreamディレクティブに指定するserverディレクティブはngx_http_ustream_moduleのserverディレクティブであり、第3章で登場したngx_http_core_moduleのserverディレクティブとは異なります。

183

第**7**章　大規模コンテンツ配信サーバの構築

書式7.19 upstreamディレクティブ

構文	**upstream** アップストリーム名 { … }
デフォルト値	なし
コンテキスト	http
解説	アップストリームサーバのグループを定義する

書式7.20 serverディレクティブ（ngx_http_upstream_module）

構文	**server** アドレス [weight=ウェイト] [max_fails=失敗回数] [fail_timeout=タイムアウト] [backup] [down];
デフォルト値	weight=1 max_fails=1 fail_timeout=10s
コンテキスト	upstream
解説	アップストリームサーバを定義する

　serverディレクティブでは、weightパラメータでそれぞれのアップストリームサーバの重み付けを指定できます。たとえば、weightが1、2、3だった場合、1に指定されているサーバには1/6のリクエストが振られる計算になります。

　max_fails、fail_timeoutパラメータはアップストリームに問題があった場合の動作を指定します。max_failsパラメータは、何回リクエストの処理に失敗したらサーバをアップストリームリストから外すかを指定します。デフォルトでは1回です。

　fail_timeoutパラメータは何秒のうちにmax_fails回数失敗したらサーバをアップストリームサーバリストから外すかと、その期間を指定します。たとえば、fail_timeoutパラメータが30s、max_failsパラメータの値が10だった場合、30秒間に10回失敗するとアップストリームサーバリストから外されます。30秒間経つとまたアップストリームサーバリストに戻されます。

　backupパラメータを指定するとそのサーバはバックアップサーバに指定されます。バックアップサーバは、それ以外のすべてのサーバがアップストリームサーバリストから外れたときに使用されます。たとえば、次のように指定することでアクティブ・スタンバイ構成を実現できます。

184

```
upstream backends {
    server 192.0.2.1:80;        # アクティブ系
    server 192.0.2.2:80 backup; # スタンバイ系
}
```

リクエストの振り分け方法の指定

upstreamディレクティブでは、デフォルトではラウンドロビンによる振り分けが行われます。この方法では設定したウェイトに合わせてリクエストを順番に分散します。これ以外に次の方法を利用できます。

- コネクション数による振り分け
- クライアントのIPアドレスによる振り分け
- 指定したキーによる振り分け

コネクション数による振り分け

least_connディレクティブを指定すると、アクティブコネクション数が最も少ないサーバにリクエストを振り分けます(**書式7.21**)。負荷が高くなるとアクティブコネクション数が増えるため、この設定により負荷が少ないサーバに対し優先的にリクエストを振り分けることが可能です。同じコネクション数のサーバが複数台ある場合は、ラウンドロビンによる振り分けが行われます。

書式7.21 least_connディレクティブ

構文	**least_conn;**
デフォルト	なし
コンテキスト	upstream
解説	アクティブなコネクション数が最も少ないアップストリームサーバへリクエストを振り分ける

クライアントのIPアドレスによる振り分け

ip_hashディレクティブでは、クライアントのIPアドレスによる振り分けが行われます(**書式7.22**)。これは、ユーザによって同じレスポンスを応答しなければならない場合に有用です。

第**7**章　大規模コンテンツ配信サーバの構築

書式7.22 ip_hashディレクティブ

構文	**ip_hash;**
デフォルト	なし
コンテキスト	upstream
解説	クライアントのIPアドレスをもとにアップストリームサーバへリクエストを振り分ける

指定したキーによる振り分け

hashディレクティブでは、振り分けに使用するキーを自分で指定できます（**書式7.23**）。

書式7.23 hashディレクティブ

構文	**hash** キー [consistent];
デフォルト	なし
コンテキスト	upstream
解説	独自のキーをもとにアップストリームサーバへリクエストを振り分ける

たとえば次の設定では、リクエストされたURIごとにリクエストを振り分けます。

```
upstream {
    hash $scheme$proxy_host$request_uri consistent;
    server 192.0.2.1;
    server 192.0.2.2;
    ...
}
```

consistentパラメータを使用すると、Ketamaコンシステントハッシング[注22]による振り分けが有効になります。consistentパラメータを使用しなかった場合、アップストリームサーバの追加／削除を行うと多くのキーが異なるサーバに振り分けなおされてしまいます。Ketamaコンシステントハッシングを利用すると、アップストリームサーバの追加／削除を行ってもキーが異なるサーバに振り分けなおされるのを最低限に抑えることができます[注23]。

注22　https://github.com/RJ/ketama
注23　アップストリームの追加、削除に対しても一貫したハッシングが可能になることからコンシステントハッシングと呼びます。

ロードバランサの構築 **7.5**

アップストリームサーバへのTCPコネクションを保持

keepaliveディレクティブを指定することで、アップストリームサーバへのコネクションの持続接続（キープアライブ）を有効にできます（**書式7.24**）。アップストリームへの接続をキープアライブすることで、TCPのハンドシェイクコストを低減できます。

書式7.24 keepaliveディレクティブ

構文	**keepalive** キープアライブコネクション数;
デフォルト	なし
コンテキスト	upstream
解説	アップストリームサーバへのキープアライブコネクション数を指定する

キープアライブを使用するにはさらにいくつかの設定が必要です。必要な設定は次のようになります。

```
location / {
    proxy_pass http://backends;
    proxy_http_version 1.1; ❶
    proxy_set_header Connection ""; ❷
}
```

nginxはアップストリームにHTTP/1.0、HTTP/1.1を使用できますが、キープアライブを使用するにはHTTP/1.1を指定する必要があります。proxy_http_versionディレクティブ（❶）はプロキシに使用するHTTPバージョンを指定します（**書式7.25**）。

書式7.25 proxy_http_versionディレクティブ

構文	**proxy_http_version** 1.0 | 1.1;
デフォルト値	1.0
コンテキスト	http、server、location
解説	プロキシに使用するHTTPのバージョンを指定する

また、nginxはデフォルトだとアップストリームへのリクエストのConnectionヘッダフィールドにcloseを指定するため、毎回アップストリ

187

第**7**章　大規模コンテンツ配信サーバの構築

ーム側から接続を切断されてしまいキープアライブが働きません。proxy_set_headerディレクティブ(**❷**)で空文字を指定することで、アップストリームサーバへの持続接続が有効になります。

アップストリームのタイムアウトとエラー処理

リクエストを振り分けた先のサーバが応答せずタイムアウトした場合や、アップストリームとの接続でエラーが発生した場合、nginxはアップストリームのリストから次のアップストリームを選択し、リクエストを振りなおすことでリクエストの再試行を試みます[注24]。リクエストを再試行する条件はproxy_next_upstreamディレクティブで指定できます(**書式7.26**)。

書式7.26 proxy_next_upstreamディレクティブ

構文	**proxy_next_upstream** error | timeout | invalid_header | http_500 | http_502 | http_503 | http_504 | http_403 | http_404 | off …;
デフォルト値	error timeout
コンテキスト	http、server、location
解説	ほかのアップストリームサーバへリクエストを再試行する条件を定義する

どのような場合に振りなおすかは**表7.4**に示したパラメータで指定できます。

表7.4 proxy_next_upstreamディレクティブのパラメータ

パラメータ	次のアップストリームに振りなおす条件
error	アップストリームとの接続確立中、リクエスト送信中、またはレスポンスヘッダを受け取っている最中にエラーになった場合
timeout	アップストリームとの接続がタイムアウトになった場合
invalid_header	アップストリームが不正なレスポンスを出力した場合
http_500 | 502 | 503 | 504 | 403 | 404	アップストリームが指定したHTTPステータスコードを応答した場合
off	無効

注24　リバースプロキシにおけるタイムアウトの処理は第6章「プロキシのタイムアウトに関する設定」(133ページ)を参照してください。

188

デフォルトでは接続がエラーになったりタイムアウトした場合にほかの
サーバにリクエストが振りなおされます。たとえばhttp_502やhttp_504を
利用することで、アップストリームがHTTPステータスコード502、504
を応答した場合ほかのアップストリームに振りなおすことができます。

```
location / {
    proxy_pass http://backends;

    # 502、504を応答した場合も次のアップストリームに振りなおす
    proxy_next_upstream error timeout http_502 http_504;
}

upstream backends {
    server 192.2.0.1;
    server 192.2.0.2;
}
```

リクエストを試みる回数はproxy_next_upstream_triesディレクティブ
で指定できます(**書式7.27**)。

書式7.27 proxy_next_upstream_triesディレクティブ

構文	**proxy_next_upstream_tries** 試行回数;
デフォルト値	0
コンテキスト	http、server、location
解説	アップストリームへのリクエストの試行回数を指定する

デフォルトでは0になっており、試行回数は制限されていません。たと
えばproxy_next_upstream_triesディレクティブに2を指定した場合、1回
目、2回目ともにアップストリームの処理がエラーになると再試行を諦め
ます。proxy_next_upstream_triesディレクティブを1に指定した場合、試
行回数は1回になり、リクエストの再試行は行われなくなります。

第 **7** 章　大規模コンテンツ配信サーバの構築

7.6

キャッシュとロードバランスを利用したコンテンツ配信

　さて、ここまでnginxのコンテンツキャッシュとロードバランス機能について説明してきました。これらを使うことでコンテンツ配信における負荷を制御できそうです。

　コンテンツ配信をスケールさせるためにはキャッシュ容量をスケールアウトの戦略で増やしていく必要が出てきます。このためにはロードバランスを用いて複数台に分散します。ここで前述したコンシステントハッシングを用いることで、複数台にキャッシュを割り振ることができます。10台程度のサーバを使用して構築した場合の設定を**リスト7.4**に、構成図を**図7.12**に示しました。

リスト7.4　**コンテンツクラスタの設定例**

```
http {
    # ❶ ロードバランサ→キャッシュサーバ群
    upstream backends {
        keepalive 32;
        hash $scheme$proxy_host$request_uri consistent; # ❷コンシステント
ハッシュの設定

        server 192.2.0.1:8001;
        server 192.2.0.2:8001;
        server 192.2.0.3:8001;
    }

    # ❸ キャッシュサーバ→オリジンサーバ
    upstream origins {
        keepalive 8;
        server 192.2.0.251:8002;
        server 192.2.0.252:8002;
    }

    # ❹ロードバランサ
    server {
        listen 80;
        server_name www.example.com;
```

190

```
        location / {
            proxy_http_version 1.1;
            proxy_set_header Conection "";
            proxy_set_header Host $http_host;

            proxy_pass http://backends;
        }
    }

    proxy_cache_path /var/lib/nginx/cache levels=1:2 keys_zone=cache:64M in
active=30d;
    proxy_temp_path /var/lib/nginx/nginx_temp;

    # ❺キャッシュサーバ
    server {
        listen 8001;
        server_name cache.local;

        location / {
            proxy_cache cache;
            proxy_cache_valid 30d;

            proxy_http_version 1.1;
            proxy_set_header Conection "";
            proxy_set_header Host $http_host;

            proxy_pass http://origins;
        }
    }

    # ❻オリジンサーバ
    server {
        listen 8002;
        server_name origin.local;

        root /home/www/www.example.com;
        expires 30d; # ❼キャッシュの有効期限を30日に設定
    }
}
```

図7.12　コンテンツ配信クラスタの構成

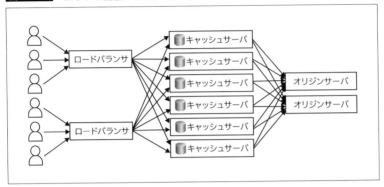

　リスト7.4ではロードバランサ(❹)、キャッシュサーバ(❺)、オリジンサーバ(❻)の設定を1つの設定ファイルに記述しています。この設定ファイルをすべてのサーバに配置する、またはそれぞれの設定ファイルに分割することになります。すべてのサーバに同じ設定を行う場合、80番ポート以外はファイアウォールなどを適切に設定しましょう。

　ユーザのリクエストを受け付けるのはロードバランサ(❹)です。ここでは80番ポートでリクエストを受け、❶で指定したキャッシュサーバ群にリクエストを分散します。ここではhashディレクティブ(❷)により、コンシステントハッシングを設定しています。これにより、特定URIのキャッシュは常に同じキャッシュサーバが保持するようになるため、キャッシュ容量をスケールアウトできるようになります。キャッシュヒット率が低下すれば新たにキャッシュサーバを追加するだけで全体のキャッシュ容量を増やすことができ、その際のキャッシュヒット率の一時的な低下も最低限に抑えることができるようになります。

　キャッシュサーバ(❺)はnginxによるコンテンツキャッシュを行い、キャッシュがない、または有効でない場合にはオリジンサーバから取得します。オリジンサーバは❸の設定で2台指定することで冗長化しています。ラウンドロビンされるためどちらかのサーバが応答しなくなってもファイルの配信を続けることができます。オリジンサーバ(❻)ではexpiresディレクティブ(❼)によりExpires、Cache-Controlヘッダを設定して静的ファイルを配信します。

キャッシュとロードバランスを利用したコンテンツ配信 **7.6**

キャッシュサーバのスケーリング

　リクエストや配信するファイルの容量が増えてくると、それに応じてクラスタを拡張していかなければなりません。上記設定では比較的簡単にスケーリングが可能です。

　スケーリングを行うためには、まず現在の負荷を正確に把握しておく必要があります。リスト7.4では省略していますが、各サーバごとにアクセスログを記録することでキャッシュヒット率などをモニタリングできます。これについては第8章「アクセスログの記録」(202ページ)で紹介します。

　アクセスログの分析によって増設すべきサーバがわかったら、次にスケーリングの方法を検討します。スケーリングを行うには、次の方法が考えられるでしょう。

- **ⓐキャッシュサーバにディスクを増設してスケールアップする**
- **ⓑ新たにキャッシュサーバを追加する**

　ディスクの増設作業を行う場合は、❶のリストからいったん外してから作業を行うとよいでしょう。キャッシュサーバを追加する場合、リスト7.4の❶に新しいサーバを追加し、ロードバランサとして機能しているすべてのnginxを再読み込みします[注25]。

　ロードバランサのメンテナンスを行う際にはDNSラウンドロビンが利用できます。まずDNSに代わりとなるロードバランサを追加し、2台にリクエストが分散されるようにします。続いてメンテナンス対象のロードバランサをDNSのリストから外します。ロードバランサのメンテナンスに備えて、DNSのリストには2台以上のロードバランサを追加しておくとよいかもしれません。

ネットワーク負荷の削減

　上記方法でキャッシュのスケーリングには対応できます。次に問題になるリソースはいくつか考えられますが、ロードバランサ−キャッシュサーバ間のトラフィックがボトルネックになりがちです。特に、サーバ間の接

注25　設定の反映については第2章「nginxの起動、終了、基本的な操作」(25ページ)で説明しています。

193

続帯域が1Gbpsであったり、ロードバランサとキャッシュサーバ間で複数スイッチを経由している場合、スイッチ間のトラフィックが大きな問題になります。

このトラフィックを減らすのはなかなか難しい問題です。解決する方法としては、ロードバランサでもキャッシュを有効にして2段構成のキャッシュを行う方法があります。前述したようにほとんどのサービスではリクエストに偏りがあるため、少ないキャッシュ容量でも効果的にトラフィックを減らすことができます。ただし、2段目のキャッシュへのリクエストは偏りがほとんどなくなってしまうため、2段目のキャッシュサーバをスケールアウトさせていっても大幅なキャッシュヒット率向上は難しくなるという問題があります。

7.7

まとめ

本章では、大規模コンテンツ配信を構築するうえで問題となりやすいポイント、そしてコンテンツキャッシュを利用したコンテンツ配信のスケールアウトについて説明しました。コンテンツ配信を行う場合、CDNを行うか、自分でキャッシュクラスタを構築するか、または組み合わせて使用するかにより、運用にかかるコスト、人的リソースなど大きく変化します。全体のコストを考えつつ、適切な構成を選択しましょう。

ここで紹介したキャッシュ、ロードバランスの機能は、アプリケーションサーバなどコンテンツ配信以外にも適用できます。ただし、ユーザごとに異なる画面を生成する場合、キャッシュの設定には十分に注意しましょう。

どのような構成をとるにしても、オリジンサーバは適切なキャッシュ制御を行う必要があります。CDNやキャッシュクラスタによるキャッシュの有効期限制御を誤ると、設定項目が分散し煩雑になるだけでなく、共有してはいけない情報をキャッシュし配信してしまうなど、大きな問題を引き起こします。それぞれのオリジンサーバが責任を持ってキャッシュの有効期限を指定するようにしましょう。

7.7 まとめ

COLUMN
サーバのレスポンスを確認する

本文中で述べたように、キャッシュを制御するにはレスポンスヘッダを正しく確認することが重要になります。レスポンスヘッダにフィールドが正しく付与されているかを確認するには、ブラウザの開発者ツールを使用する方法と、curlなどのコマンドを利用する方法があります。たとえばGoogle Chromeでは、Webインスペクタの Networkタブでリクエストの内容とレスポンスヘッダの値を確認できます(**図a**)。リクエストを選択し、コンテキストメニューから「Copy as cURL」を選択することで、curlコマンドをクリップボードにコピーすることもできます。

図a Google ChromeのWebインスペクタツール

curlコマンドはさまざまなプロトコルのリクエストをサーバに対し送信できるコマンドです。-vオプションを指定することでレスポンスボディに加えて、リクエストとレスポンスヘッダの内容を出力できます。レスポンスボディの内容は必要ないため、ここでは/dev/nullに出力するようにしています。

```
< HTTP/1.1 200 OK
< Accept-Ranges: bytes
< Cache-Control: max-age=604800
< Content-Type: text/html
< Date: Sat, 24 Jan 2015 08:47:47 GMT
< Etag: "359670651"
< Expires: Sat, 31 Jan 2015 08:47:47 GMT
< Last-Modified: Fri, 09 Aug 2013 23:54:35 GMT
* Server ECS (rhv/818F) is not blacklisted
< Server: ECS (rhv/818F)
< X-Cache: HIT
< x-ec-custom-error: 1
< Content-Length: 1270
<
{ [data not shown]
* Connection #0 to host www.example.com left intact
```

第**8**章

Webサーバの運用と
メトリクスモニタリング

第 **8** 章　**Webサーバの運用とメトリクスモニタリング**

　Webサービスのライフサイクルで最も長い時間を占めるのは運用です。サービスのためにサーバの構築を行って終わりではありません。むしろサーバを構築し、運用を始めた段階がスタート地点と言えます。健全なサービスであれば、サービスの規模が大きくなるにつれその機能も変化し、リクエスト数も増加していくでしょう。安全にサービスを運用するには、常に運用状況に気を配り、関連する情報を収集し続けなければなりません。

　本章では実例を踏まえ、nginxを用いたサービス運用における次のトピックを取り上げます。

- nginxのステータスモニタリング
- アクセスログの記録
- Fluentd[注1] によるログ収集
- Fluentd、Norikra、GrowthForecastによるメトリクスモニタリング
- ログファイルのローテーション
- 無停止でのアップグレード

8.1

nginxのステータスモニタリング

　まず初めに、nginxのステータスモニタリングについて紹介します。nginxでステータスモニタリングを行うにはngx_http_stub_status_moduleを使用します[注2]。このモジュールは、nginxが処理しているリクエストの統計情報を特定のエンドポイントで取得できるようにするものです。標準で組み込まれていないため、ビルド時に--with-http_stub_status_moduleオプションを指定する必要があります。モジュールの組込み方法については第2章「モジュールの組込み」(20ページ)を参照してください。

注1　http://www.fluentd.org/
注2　有償版であるNGINX Plusにはより詳細な情報をJSON形式で取得できるngx_http_status_module
　　　が付属しています。

198

エンドポイントの指定

ngx_http_stub_status_moduleでは、HTTPプロトコルによりnginxの統計情報を取得します（**書式8.1**）。

書式8.1 stub_statusディレクティブ

構文	**stub_status**
デフォルト値	なし
コンテキスト	server、location
解説	統計情報を取得するエンドポイントを指定する

統計情報を返すエンドポイントを指定するにはstub_statusディレクティブを使用します。設定例を**リスト8.1**に示しました。ここでは、127.0.0.1のみをリッスンしているほか、allow／denyディレクティブを使用してローカルホスト以外からのリクエストを禁止しています。

リスト8.1 stub_statusの設定

```
server {
    listen 127.0.0.1:80 default_server;
    server_name "";

    location /stub_status {
        stub_status;
        allow 127.0.0.1;
        deny all;
    }
}
```

取得できる統計情報

設定し再読み込みしたら統計情報を取得してみましょう。curlコマンドを利用して統計情報を取得してみます。

```
$ curl http://127.0.0.1/stub_status
Active connections: 4
server accepts handled requests
 21773784 21773784 36422687
Reading: 0 Writing: 2 Waiting: 2
```

第 **8** 章　Webサーバの運用とメトリクスモニタリング

　このようにテキスト形式で統計情報を取得できます。stub_statusディ
レクティブにより取得できる情報を**表8.1**に示しました。

表8.1 stub_statusで取得できる情報

値	説明
Active connections	Waiting状態のものを含むすべてのクライアントとのアクティブコネクション数
accepts	accpetしたクライアントコネクションの総数
handled	処理したコネクションの総数。現在の実装では正常時はacceptと同数を示す※
requests	クライアントからのリクエスト総数
Reading	リクエストヘッダを読み込んでいる現在のコネクション数
Writing	クライアントに応答を出力している現在のコネクション数
Wainting	リクエストのために待ち状態にありアイドル状態のクライアントコネクション数

※worker_connectionsなどの設定上限に達してしまっている場合、handledとaccpetsのコネクション総数に差が発生します。

　Active connectionsをはじめとする現在処理しているリクエストに関する情報は次の変数でも取得できます。これらの変数を使うことで、ログファイルにリクエスト処理中のコネクション数を記録することも可能です。

- $connections_active
- $connections_reading
- $connections_writing
- $connections_waiting

Muninによるモニタリング

　stub_statusディレクティブの設定により、nginxの統計情報をHTTPで取得できるようになりました。このエンドポイントを用いて自分で可視化、監視するようにシステム構築してもよいですが、一般に使用されるモニタリングツールでもnginxがサポートされています。ここではサーバから情報を取得しグラフを生成、管理、監視できるMunin[注3]の設定方法を紹介します。

注3　http://munin-monitoring.org/

8.1 nginxのステータスモニタリング

Muninにはnginxの`http_stub_status_module`の出力をモニタリングするプラグインが2つ付属しています。

- `nginx_request`：秒間リクエスト数をモニタリング
- `nginx_status`：処理中のコネクションを状態別にモニタリング

使用するには、munin-nodeの設定にnginxのステータスページのURIを設定します（**リスト8.2**）。

リスト8.2 /etc/munin/conf.d/munin-node.conf

```
[nginx*]
    env.url http://localhost/nginx_status
```

プラグインは標準で付属しているため、シンボリックリンクを張るだけで有効にできます。

```
$ cd /etc/munin/plugins/
$ sudo ln -s /usr/share/munin/plugins/nginx_request nginx_request
$ sudo ln -s /usr/share/munin/plugins/nginx_status nginx_status
$ sudo /etc/init.d/munin-node restart
```

設定が完了するとMuninのページにグラフが追加されます（**図8.1**）。これを確認することで処理しているリクエスト数と、処理中のコネクションの状態をモニタリングできます。

図8.1 Muninによるnginxのモニタリング

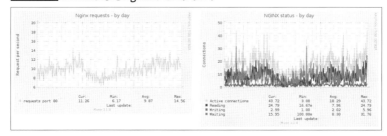

第 **8** 章 Webサーバの運用とメトリクスモニタリング

8.2

アクセスログの記録

アクセスログはリクエストの不具合が生じた場合、その原因を追跡するために非常に有用なデータになります。有用なログを記録するためには、どのような項目をどのように記録するかが重要です。次のような場合を想像してみてください。

- プログラムの重大な問題により、一部ユーザのリクエストに誤った処理が実行された
- 外部より不正なリクエストが一定期間送信された
- 特定のリクエストが行われたであろうタイミングでアプリケーションの負荷が増加する

どの場合もユーザがどのようなリクエストを送信し、サーバがどのようなレスポンスを応答したか適切に把握できる項目を記録する必要があります。

記録する項目

nginxでは`log_format`ディレクティブ[注4]を用いることで、アクセスログの記録フォーマットと記録する項目を指定できます。

▍リクエストをトレースするために記録する項目

リクエストをトレースするためには、リクエストとレスポンスの基本的な状態を把握する必要があります。リクエストの内容を把握するために記録する項目には、時刻、HTTPメソッド、リクエストされたURI、リファラ、ユーザエージェントといった代表的なヘッダが挙げられます。レスポンスの異常を検知するためにはその内容を記録する必要がありますが、レスポンスボディ自体は内容が大きくアクセスログに直接記録するのには向いていません。レスポンスの状態として記録する項目としては、HTTPステータスコード、レスポンスボディのバイト数が一般的です。**表8.2**に記

注4　第3章「設定ファイルの構成」(32ページ)を参照してください。

202

アクセスログの記録 **8.2**

録に使用する変数を示しました。

表8.2 アクセスログに記録しておくべき項目

変数名	説明
$time_local	リクエストの処理を開始したローカルタイム（Apache Commons Logging互換方式）
$time_iso8601	リクエストの処理を開始したローカルタイム（ISO 8601互換方式）
$remote_addr	リモートホストのアドレス
$host	マッチしたサーバ名もしくはHostヘッダの値、なければリクエスト内のホスト
$request_method	リクエストされたHTTPメソッド
$request_uri	リクエストに含まれるクエリストリング付きのオリジナルのURI
$server_protocol	リクエストプロトコル（HTTP/1.0またはHTTP/1.1）
$request_time	リクエスト処理にかかった時間（秒単位、ミリ秒精度）
$body_bytes_sent	ヘッダなどを含まないレスポンスボディのバイト数
$status	レスポンスのHTTPステータスコード
$http_referer	リファラ
$http_user_agent	ユーザエージェント文字列

▌プロキシサーバで記録する項目

　プロキシサーバを運用する場合、表8.2に示した項目に加えアップストリームの情報も記録しておく必要があるでしょう。キャッシュを利用している場合はその状態も記録しておく必要があります。**表8.3**に使用する変数を示しました。

表8.3 プロキシサーバで記録しておくべき情報

変数名	説明
$upstream_addr	アップストリーム先のアドレス
$upstream_response_time	アップストリームからレスポンスを受け取るのにかかった時間
$upstream_cache_status	レスポンスキャッシュの状態

フォーマットの選択

　nginxで出力できるアクセスログは、テキスト形式かつリクエストごとに改行で区切られる、という制限があります。これを満たすアクセスログのフォーマットとして一般的なものを**表8.4**に示しました。

203

第 **8** 章　Webサーバの運用とメトリクスモニタリング

表8.4　一般的なログフォーマット

フォーマット	ツールの充実	読みやすさ	項目追加	項目削除
Apache Combined Log	○	△	×	×
TSV	○	△	○	×
LTSV	△	○	○	○

具体的には次のことを考慮してフォーマットを選択するとよいでしょう。

- コマンドラインツール、解析・集計・ログ収集ツールのサポートが豊富か
- 視認性が良いか
- 項目の追加、削除を容易に行うことができるか

Apache Combined Log

Apache Combined Log（combined形式）はApache HTTPサーバで使用されるログ形式です。Apache HTTPサーバと互換性があるログフォーマットを選択することで、ほかのApache HTTPサーバと同じ方法でログを収集できます。すでにApache HTTPサーバのログを収集する方法があれば、combined形式を選択することで収集処理をまとめることができます。ただし、Apache HTTPサーバとの互換性のため出力できる項目は限られてしまいます。

nginxでは標準でcombined形式のログをサポートしています[注5]。

```
access_log /var/log/nginx/access.log combined;
```

標準のcombinedフォーマットは次の設定と等価です。

```
log_format combined '$remote_addr - $remote_user [$time_local] '
                    '"$request" $status $body_bytes_sent '
                    '"$http_referer" "$http_user_agent"';
```

combinedフォーマットでは次のようなログが出力されます。

```
127.0.0.1 - - [22/Aug/2015:02:44:55 +0900] "GET / HTTP/1.1" 200 97 "-" "cur
l/7.38.0"
```

注5　アクセスログの出力の設定、ログフォーマットに指定については、第3章「アクセスログの出力」（46ページ）を参照してください。

アクセスログの記録 **8.2**

▌TSV

TSV(*Tab Separated Values*)は、各変数の値をタブ(\t)で区切ったものです。cutコマンドやawkコマンドなどLinux標準のユーティリティで簡単に扱うことができます。

TSVでは出力項目の追加が簡単に行えますが、その順番を変更できないという欠点があります。そのため、出力項目を減らした場合でも、その場所に空文字を入力しておく必要があります。TSV形式出力する場合、エスケープシーケンス(\t)で区切った変数を並べます。

```
log_format tsv '$time_local\t'
               '$status\t'
               '$request_time\t'
               '$upstream_addr\t'
               '$upstream_response_time\t'
               '$upstream_cache_status\t'
               '$body_bytes_sent\t'
               '$remote_addr\t'
               '$host\t'
               '$request_method\t'
               '$request_uri\t'
               '$server_protocol\t'
               '$http_referer\t'
               '$http_user_agent';
```

上記フォーマットを使用した場合、次のようなログが記録されます。

```
22/Aug/2015:02:48:37 +0900   200 0.000    -    -    -    97  127.0.0.1    localho
st   GET /   HTTP/1.1    -    curl/7.38.0
```
※リスト中の空白はタブで区切られています。

▌LTSV

LTSV(*Labeled Tab Separated Values*)は、TSVの各項目にラベルを付与したものです[注6]。項目ごとにラベルが付与されるため、項目の並び替えや削除が容易に行えます。また各フィールドにラベルが記述されているため、設定項目を確認せずにどの項目か確認できます。最近ではパースできるライブラリやユーティリティも公開されており、Fluentdもサポートしています[注7]。

注6　http://ltsv.org/
注7　LTSVの活用方法については、WEB+DB PRESS Vol.74の一般記事「LTSVでログ活用」にて詳しく説明されています。

205

LTSVでは各項目にコロン（:）区切りでフィールド名を付与します。nginxでは各変数をそのままフィールド名にするとよいでしょう。

```
log_format ltsv 'time:$time_local\t'
                'status:$status\t'
                'request_time:$request_time\t'
                'upstream_addr:$upstream_addr\t'
                'upstream_response_time:$upstream_response_time\t'
                'upstream_cache_status:$upstream_cache_status\t'
                'body_bytes_sent:$body_bytes_sent\t'
                'remote_addr:$remote_addr\t'
                'host:$host\t'
                'request_method:$request_method\t'
                'request_uri:$request_uri\t'
                'protocol:$server_protocol\t'
                'http_referer:$http_referer\t'
                'http_user_agent:$http_user_agent';
```

LTSVを使用した場合次のようなログが記録されます。

```
time:22/Aug/2015:02:50:25 +0900 status:200  request_time:0.000  upstream_ad
dr:- upstream_response_time:-    upstream_cache_status:- body_bytes_sent:97
remote_addr:127.0.0.1  host:localhost  request_method:GET  request_uri:/
protocol:HTTP/1.1  http_referer:-  http_user_agent:curl/7.38.0
```

※リスト中の空白はタブで区切られています。

8.3

Fluentdによるログ収集

第6章でも見たように、Webサービスをスケールさせるために複数台構成をとるのは珍しくありません。複数台のサーバでリクエストを処理する場合、メトリクスを集計するために各サーバからログを収集し、1ヵ所に集める必要が出てきます。FluentdはRubyで記述されたログコレクタツールで、ログファイルの収集、柔軟なルーティング、そして各種データストアへの出力が可能です（**図8.2**）。

本書ではFluentdを用いたnginxのアクセスログ収集、そして集計と可視化方法について紹介します。Fluentd自体のインストールや設定、デー

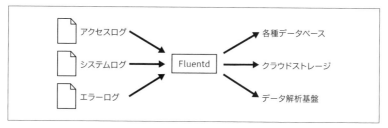

図8.2　Fluentdによるログの収集と転送

タ可視化についてはすでに刊行されている書籍[注8]、もしくは公式リファレンス[注9]で詳しく説明されていますので、そちらを参考にしてください。

ログファイルの入力

Fluentdの設定は/etc/fluent/fluent.conf[注10]に記述します。

ログをFluentdに入力する設定は<source>ディレクティブに記述します（**書式8.2**）。

書式8.2　<source>ディレクティブ（Fluentd）

構文	<source> … </source>
解説	入力に使用するプラグインの指定と設定を行う

<source>ディレクティブには入力に使用するインプットプラグインの指定と設定パラメータを記述します。ログファイルのようにテキストファイルをFluentdに入力するにはtailインプットプラグインを使用します。tailインプットプラグインはFluentdに標準搭載されており、ログファイルの末尾から1行ずつ読み込みます。

tailインプットプラグインを使用し、nginxのログファイルをFluentdに入力する設定を**リスト8.3**に示しました。

注8　「サーバ／インフラエンジニア養成読本 ログ収集〜可視化編――現場主導のデータ分析環境を構築！」（Software Design plusシリーズ）技術評論社、2014年
注9　http://docs.fluentd.org/articles/quickstart
注10　Treasure Dataが配布しているFluentdパッケージであるtd-agentを使用する場合は/etc/td-agent/td-agent.confになります。

第 **8** 章　Webサーバの運用とメトリクスモニタリング

リスト8.3　tailインプットプラグインによるログファイルの読み込み（fluent.conf）

```
<source>
  type tail
  path /var/log/nginx/access.log        # ❶アクセスログのファイルパス
  pos_file /var/log/nginx/access.log.pos # ❷ポジションファイル
  tag nginx.access                      # ❸出力するタグ
  format ltsv                           # ❹ファイルフォーマット
  time_key time                         # ❺イベントの時刻として使用するキー
  time_format %d/%b/%Y:%H:%M:%S %z      # ❻時刻のフォーマット
</source>
```

■ ファイルパスとポジションファイルの指定

　tailインプットプラグインでは、pathパラメータ（❶）に読み込むファイルパスを指定します。pos_fileパラメータ（❷）はFluentdがファイルを最後に読み込んだ位置を記録するポジションファイルを指定するために必要です。Fluentdが再起動したとき、ポジションファイルを読み込むことで再起動前の位置から読み込みを再開できます。

　Fluentdでは読み込んだ1つのログのことをイベントと呼び、各イベントにはタグ、時刻、そして構造化されたレコードが含まれています（**図8.3**）。このイベントに付与されたタグのマッチングルールを記述することで、ログのルーティングを行います。イベントに付与するタグは、tagパラメータ（❸）で指定します。

図8.3　Fluentdにおけるイベントのデータ構造

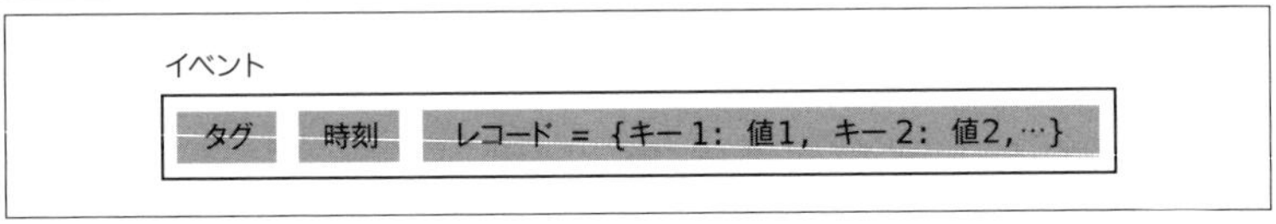

```
イベント

┌────┬────┬─────────────────────────────────┐
│ タグ │ 時刻 │ レコード = {キー1: 値1, キー2: 値2, …} │
└────┴────┴─────────────────────────────────┘
```

■ ログフォーマットの指定

　formatパラメータ（❹）にはファイルのフォーマットを指定します。指定できるパラメータには次の種類、そして正規表現があります。

- apache2
- nginx

- tsv
- csv
- ltsv

LTSVフォーマットの入力

リスト8.3の例ではLTSVを使用しています。LTSVフォーマットでは各フィールドにラベルが付与されるため、キーの一覧をFluentdとnginxで二重管理する必要がありません。TSV、CSVフォーマットの場合、各フィールドをFluentdで扱うキーに対応させるためマッピングを指定する必要があります[11]。

ログの記録時刻として扱うキーはtime_keyパラメータ(❺)で指定します。指定しなかった場合デフォルトでtimeキーが使用されますが、LTSVやCSV、TSVなどフィールドを自ら指定するログフォーマットの場合は明示的に指定したほうがわかりやすいでしょう。

Fluentdでは時刻をパースし、ログの発生時刻として扱います。パースに使用するフォーマットはtime_formatパラメータ(❻)で明示的に指定できます。time_formatパラメータの指定には、RubyのTime#strftimeメソッドで使用できる書式[12]が利用できます。time_formatパラメータを指定しなかった場合Fluentdが自動的にパースを試みます。

TSV、CSVフォーマットの入力

TSVフォーマットの場合はformatパラメータにtsv、CSVフォーマットの場合はcsvを指定します。TSV、CSVフォーマットではログの各行にラベルが付与されないため、Fluentdの設定ファイルに各カラムがどのキーに相当するかマッピングを定義する必要があります。キーのマッピングはkeysパラメータで指定します。ログの出力時刻として扱うキーを明示的に指定するためにtime_keyパラメータとtime_formatパラメータも指定しましょう。

注11　詳しくは次の「TSV、CSVフォーマットの入力」で解説します。
注12　Rubyのリファレンスマニュアルを参照してください。
　　　http://docs.ruby-lang.org/ja/2.2.0/method/Time/i/strftime.html

第 **8** 章　Webサーバの運用とメトリクスモニタリング

```
format tsv
keys time,host,method,uri,status,body_bytes_sent,referer,user-agent
time_key time
time_format %d/%b/%Y:%H:%M:%S %z
```

▌nginx標準フォーマットの入力

　formatパラメータにnginxを指定すると、nginxがデフォルトで使用する combined形式のログを読み込むことができます。しかし、combinedログフォーマットでは記録されない項目も多く、カスタマイズもできないため特別な理由がなければほかのログフォーマットの利用をお勧めします。

ログの転送

　Fluentdではイベントごとにタグを付与することで出力先にルーティングします。リスト8.3❸では入力したログにnginx.accessタグが付与するように設定しました。このnginx.accessタグが付与されたイベントをほかのサーバに転送するように設定しましょう。

　リスト8.4にnginx.accessタグのイベントをほかのサーバに転送する設定例を示しました。

リスト8.4　nginx.**にマッチするイベントをほかのサーバに転送する設定 (fluent.conf)

```
<match nginx.**> # ❶nginx.**にマッチする設定
  type forward

  buffer_type file      # ❷ファイルバッファにする
  buffer_path /var/log/fluentd/fluentd-nginx.*.buffer
                        # ❸バッファファイルの出力先
  flush_interval 1s     # ❹出力間隔

  <server> # ❺送信先サーバの設定
    name aggregate1
    host 192.168.2.11
    port 24224
  </server>
  <server>
    name aggregate2
    host 192.168.2.12
    port 24224
```

210

```
    standby
  </server>
</match>
```

マッチするイベントのタグとその出力先を設定するには、<match>ディレクティブ(❶)を使用します。リスト8.4ではnginx.**を指定しています。**は0個以上のタグ要素にマッチするパターンです。マッチしたイベントはforwardアウトプットプラグインによりほかのサーバに転送されます。

リスト8.3、リスト8.4に示した設定は同じファイルに記述するか、includeディレクティブを用いてインクルードする必要があります。詳しくはFluentdの公式ドキュメント[注13]を参照してください。

■ バッファの設定

Fluentdのアウトプットプラグインには、バッファを持つものがあります。Fluentdはこのバッファ処理により、転送サイズを最適化し、入力を停止することなくリトライ処理を実現しています。

リスト8.4ではbuffer_typeパラメータ(❷)を用いてfileバッファプラグインに設定しています。fileバッファプラグインは一時ファイルを用いたバッファリングを行います。これによりFluentdの再起動時にもバッファの内容が失われず、ログの欠損が発生しなくなります。バッファファイルの出力先はbuffer_pathパラメータ(❸)で指定します。さらに、flush_intervalパラメータ(❹)により1秒ごとにバッファをフラッシュするように指定しています。

■ 転送先サーバの設定

転送先のサーバは<server>パラメータ(❺)を用いて指定します。<server>パラメータには、**表8.5**に示したパラメータを含めます。リスト8.4では192.168.2.11を通常使用する転送先、192.168.2.12をスタンバイに指定しています。

注13 http://docs.fluentd.org/ja/articles/config-file

表8.5 パラメータに記述するパラメータ

パラメータ	説明
name	サーバ名を指定する。エラーメッセージに使用する
host	転送先サーバのアドレス、またはホスト名を指定する
port	転送先ポートを指定する。省略した場合は24244が使用される
weight=60	サーバの重み付けを指定する
standby	指定したノードをスタンバイとして扱う。スタンバイノードはほかのスタンバイではないノードがダウンしたときにのみ用いられる

8.4 Fluentd、Norikra、GrowthForecastによるメトリクスモニタリング

　ここまでFluentdを用いたログの転送、収集について説明しました。ここではFluentdで集計したログデータをモニタリングする例としてNorikra、GrowthForecastを用いた例を紹介します。**図8.4**に全体の構成を示しました。集計サーバではFluentdによりログのルーティングを行い、Norikraによって集計したデータをGrowthForecastに出力します。

図8.4 Fluentd、Norikra、GrowthForecastによるメトリクスモニタリング構成

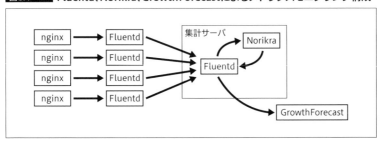

Fluentdの設定

　Fluentdの設定を**リスト8.5**に示しました。nginxが動いているサーバのFluentdでは、前節において紹介したリスト8.3、リスト8.4の設定を使用できます。GrowthForecastは「growthforecast.local」というホストで起動

している ことを前提に記述しています。

リスト8.5 Fluentd、Norikra、GrowthForecastによるメトリクスモニタリングの設定
(fluent.conf)

```
<source>                     # ❶レコードを受け取る設定
  type forward
</source>

<match nginx.**>             # ❷nginx.**にマッチしたタグに関する設定
  type norikra               # Norikraへ出力
  norikra localhost:26571    # ローカルのNorikraを指定
  target_map_tag true        # ❸タグをターゲットにマッピング
</match>

<source>                     # ❹Norikraから結果を受け取る設定
  type norikra               # Norikraから入力
  norikra localhost:26571    # ローカルのNorikraを指定

  <fetch>                    # ❺結果取得に関する設定
    method sweep             # ❻マッチするすべての結果を入力
    target gf                # ❼ターゲットのクエリグループ
    tag query_name           # ❽クエリ名をタグに使用
    tag_prefix norikra.query # ❾接頭辞を指定
    interval 5s              # 入力間隔
  </fetch>
</source>

<match norikra.query.**>
  type growthforecast
  remove_prefix norikra.query
  name_key_pattern . # すべてのキーをグラフとして出力

  gfapi_url http://growthforecast.local:5125/api/ # ❿GrowthForecastのAPI
URLを指定
  graph_path norikra/${tag}/${key_name} # ⓫norikra/タグ名/キー名のグラフに出力
</match>
```

Norikra

　Norikraは、ストリームプロセッシングを行うソフトウェアです。SQL
ライクなクエリ（Esper EPL）を記述することで、簡単にストリームに対し
て集計処理を実行できます。専用のWebインタフェースを持っており、Web
上からクエリの追加・変更・削除を容易に行うことができます。

213

第 **8** 章 Webサーバの運用とメトリクスモニタリング

本書では、Fluentd と Norikra、GrowthForecast を連携させる部分について詳しく説明します。Norikraのインストール、起動は公式サイト[注14]の説明に従ってください。Norikra にログを出力するには fluent-plugin-norikra[注15]が必要です。fluent-gem（または td-agent-gem）を利用してインストールしておきましょう[注16]。

Norikraへイベントを出力

各サーバから転送されてきたログは forward インプットプラグイン（❶）により受け取り、nginxのログを <match nginx.**> ディレクティブ（❷）でマッチさせます。ここに Norikra へイベントを出力する設定を記述します。

Norikraでは、クエリの対象となるデータをターゲットとして扱います。target_map_tag パラメータ（❸）を指定することで、Fluentd のタグが Norikra のターゲットにマッピングされるようになります。

Norikraから集計結果を入力

続いて Norikra で集計した結果を Fluentd に入力しましょう。リスト8.5 では <source> ディレクティブ（❹）に norikra インプットプラグインを指定しています。

Norikraから入力する設定は <fetch> パラメータ（❺）に記述します。ここでは sweep メソッド（❻）を指定しています。sweep メソッドは target パラメータ（❼）に一致したクエリグループの結果をすべて Fluentd に入力します。リスト8.5 では Norikra のクエリ名をタグに使用し、タグ名を norikra.query.クエリ名になるように指定しています（❽、❾）。

GrowthForecastへの出力

GrowthForecast[注17]は、HTTP API経由で使用できるメトリクス可視化

注14　http://norikra.github.io/
注15　https://github.com/norikra/fluent-plugin-norikra
注16　本書ではNorikra v1.3.1、fluent-plugin-norikra v0.3.0を用いて動作確認を行っています。
注17　http://kazeburo.github.io/GrowthForecast/

ツールです。Fluentdから GrowthForecastに出力するには、fluent-plugin-growthforecast[注18]を使用します。

出力先の GrowthForecastは`gfapi_url`パラメータ（**❿**）で指定します。グラフの出力パスは`graph_path`パラメータ（**⓫**）で指定します。リスト8.5ではタグごとに GrowthForecastのセクションを分け、各キーの出力をそれぞれグラフに出力するよう設定しています。

Norikraにクエリを登録

ここまでの設定で、Fluentdを利用してログをルーティングし、Norikraによる集計を行い、結果を GrowthForecastに出力する環境を構築できました。Norikra、GrowthForecastを起動し、集計用サーバのFluentd、そして収集用のFluentdを起動しましょう。

ローカルホストでNorikraを起動している場合、`http://`ホスト名`:26578/`でWeb UIを表示できます。ここまでの設定がうまく動いていれば、Fluentdから入力され作成されたターゲットをWeb UI上で確認できます。

次に「Add Query」からクエリエディタ（**図8.5**）を開いてクエリを登録してみましょう。

図8.5　クエリ追加画面

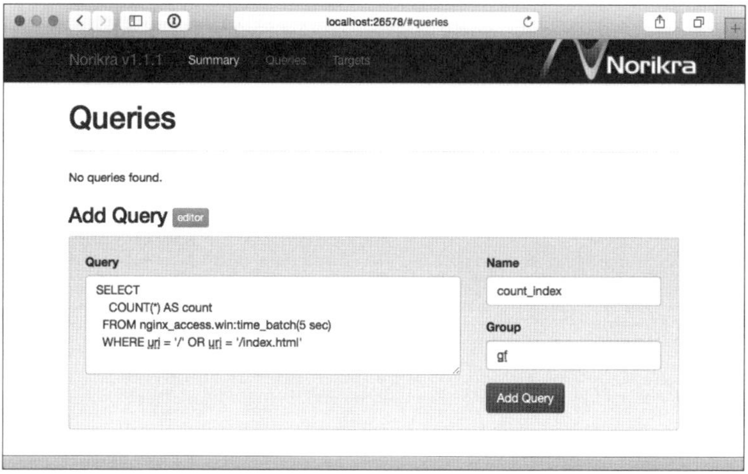

注18　https://github.com/tagomoris/fluent-plugin-growthforecast

第 **8** 章　Webサーバの運用とメトリクスモニタリング

nginxのアクセスログから得られるメトリクスには、**リスト8.6**、**リスト8.7**のようなクエリが考えられます。

リスト8.6　**1分ごとのインデックスページのリクエスト数**

```
SELECT
  COUNT(*) AS count
FROM nginx_access.win:time_batch(1 min)
WHERE uri = '/' OR uri = '/index.html'
```

リスト8.7　**ステータスコードごとの割合**

```
SELECT
  COUNT(1, status REGEXP '^2..$') AS count_2xx,
  COUNT(1, status REGEXP '^3..$') AS count_3xx,
  COUNT(1, status REGEXP '^4..$') AS count_4xx,
  COUNT(1, status REGEXP '^5..$') AS count_5xx
FROM nginx_access.win:time_batch(1 min)
```

適当な名前を付けグループ名をgfに設定すると、クエリ結果がFluentdによりGrowthForecastに出力されます。ブラウザでGrowthForecastにアクセスすればグラフが作成されたことが確認できるでしょう。このグラフから複合グラフを作成すれば、**図8.6**のようにHTTPステータスコードごとの割合を示すグラフを作成できます。

このように、NorikraではSQLライクなクエリを追加するだけで簡単にメトリクス項目を追加できます。ストリームデータに対する集計であるため過去の長い期間に対する集計には向いていませんが、メトリクスモニタリングの第一歩としては十分な機能です。より進んだ解析を行うためには、ログをHDFS[19]やAmazon Redshift[20]、Google BigQuery[21]、Treasure Data[22]に出力し、長期間の集計を行うことが必要になるでしょう。Fluentdによる収集基盤を構築していれば、集計サーバからこれらのデータストアへ対しログを転送することも容易に行うことができます。

注19　http://hadoop.apache.org/
注20　http://aws.amazon.com/jp/redshift/
注21　https://cloud.google.com/bigquery/
注22　http://www.treasuredata.com/jp/

図8.6　GrowthForecastに出力されたグラフ

8.5
ログファイルのローテーション

ここまでステータスモニタリングやログの集計によるメトリクスモニタリングの方法について紹介してきました。次にログファイルの運用で必要になるローテーションについて説明します。

ログファイルはリクエストのたびに追記されるため、何もしないとファイルサイズが肥大化していきます。これを防ぐためプロダクション環境では、ログを書き込むファイルを定期的に切り替え、一定期間で削除を行うログローテーションが必要になります。一般的なLinuxディストリビューションではログローテーションを行うユーティリティであるlogrotateが付属しています。ここではlogrotateを用いたログローテーションの設定について紹介します。**リスト8.8**にnginxのログファイルをローテーションする設定を示しました。

第 **8** 章　Webサーバの運用とメトリクスモニタリング

リスト8.8　logrotateによるローテーションの設定例

```
# /var/log/nginx/以下の*.logファイルをローテートする
/var/log/nginx/*.log {
        daily            ❶
        missingok
        rotate 30        ❷
        compress         ❸
        delaycompress    ❹
        notifempty
        sharedscripts    ❺
        postrotate
            [ ! -f /var/run/nginx.pid ] || kill -USR1 `cat /var/run/nginx.pid`   ❻
        endscript
}
```

　リスト8.8では、/var/log/nginx/ディレクトリ以下の拡張子.logファイルをローテーションの対象にしています。nginxの出力するログファイルの位置に合わせて設定する必要があります。

ローテーション間隔の指定

　ローテーションの間隔は、1日ごと(daily)、1週間ごと(weekly)、1ヵ月ごと(monthly)が指定できます(❶)。最も短い間隔は1日であるため、これよりも短いスパンでローテーションを実行したい場合は、cronでlogrotateコマンドを実行するように設定する必要があります。logrotateコマンドは-fオプションを用いることで強制的にローテーションが可能です。

```
$ sudo logrotate -f /etc/nginx/logrotate.conf
```

　-fオプションは短い間隔での強制ローテーションのほかにも、設定ファイルの挙動を確認するためにも利用できます。初期設定を行ったあとは-fオプションを付けて実行し、正しくログファイルがローテーションされるか確認するようにしましょう。

　ログファイルを残す個数はrotateディレクティブ(❷)で指定できます。リスト8.8では30個のログを残す設定にしています。

218

ログファイルの圧縮

ログファイルを残す期間を長くすればするほどディスク容量が必要になります。ディスク容量を抑えるため、古いファイルをgzipで圧縮するようcompressディレクティブ(❸)を指定しています。さらにdelaycompressディレクティブ(❹)を利用することで、2個目のファイルから圧縮するように指定しています。

ログファイルの再オープン

ログファイルのローテーションはlogrotateが行いますが、このままではnginxは古いログファイルに書き込み続けてしまいます。これはnginxがファイルを再オープンせず、ファイルディスクリプタを保持し続けているためです。

nginxにログを再オープンさせるためには、USR1シグナル[注23]をマスタプロセスに対して送信します。USR1シグナルをnginxに送信するスクリプトは次のようになります。ここでは、/var/run/nginx.pidからマスタプロセスのPIDを取得し、killコマンドによりUSR1シグナルを発行しています。

```
[ ! -f /var/run/nginx.pid ] || kill -USR1 `cat /var/run/nginx.pid`
```

このコマンドを、postrotateディレクティブ(❻)に指定します。postrotateディレクティブに指定したコマンドはファイルのローテーションを行ったあとに実行されます。

設定が複数ファイルにマッチする場合、postrotateディレクティブに記述したコマンドはマッチしたファイルの数だけ実行されてしまいます。sharedscriptsディレクティブ(❺)を指定することでコマンドが複数回実行されるのを抑制できますので、併せて指定するようにしましょう。

注23　USR1、USR2はアプリケーションによって挙動を自由に定義できるシグナルです。

8.6
無停止でのアップグレード

nginxは1ヵ月に1度のペースで新しいマイナーバージョンがリリースされています[注24]。このアップグレードでは複数のバグフィックス、新しい機能の追加、そして脆弱性の修正が行われます。

安全なWebサービスを運用するためには定期的なアップデートは欠かせません。通常、稼働しているHTTPサーバをアップグレードするためにはプロセスの再起動が必要になります。しかし単に再起動を行うと再起動の間ユーザのリクエストを処理できません。これを防ぐにはリクエストの処理を維持しつつアップグレードを行うことが必要になります。

nginxのアップグレードを行う方法としては次の2通りがあります。

- ロードバランサ、DNSを利用したローリングアップグレード
- シグナルによるオンザフライアップグレード

ロードバランサ、DNSを利用したローリングアップグレード

ローリングアップグレードはHTTPサーバの前段にロードバランサを設置し、サーバを1つずつロードバランサから切り離し、アップグレード終了後に再びロードバランサに戻す方法です（**図8.7**）。

図8.7 ロードバランサによるローリングアップグレード

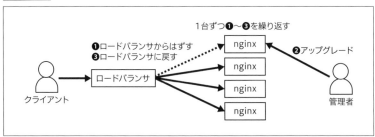

注24 執筆時点の頻度です。

無停止でのアップグレード **8.6**

　ローリングアップグレードでは1台ずつ処理を行うためアップグレード中処理できるリクエスト量は低下してしまいますが、どのようなHTTPサーバでも利用可能であるという利点があります。

　しかし、サーバが単一障害点である場合や、nginxがロードバランサとして機能している場合はどうでしょうか。DNSに複数のアドレスを登録しておくことでローリングアップグレードを行うことはできますがDNSレコードの更新が反映されるにはTTLが切れるのを待つ必要があり、時間がかかってしまいます。そのためローリングアップデートのためには、アップグレード中にリクエストを処理するために通常時と同じ台数のサーバを用意する必要があり、より多くのサーバ台数が必要になります。

シグナルによるオンザフライアップグレード

　nginxのアップグレードを行うだけであれば、別のノードを用意することなく容易にアップグレードが可能です。nginxにはリクエストの処理中にアップグレードを行う方法が準備されています。これをオンザフライアップグレードと呼びます。

　nginxのソースコードに付属しているMakefileにはオンザフライアップグレードを行う簡易的な処理が記述されています。オンザフライアップグレードでは、まずnginxのバイナリファイルを新しいファイルに更新しておきます。次にmakeコマンドのupgradeタスクを実行し、アップグレードを行います。

```
$ sudo nginx -t      ←nginx.confの構文チェック
$ sudo make upgrade  ←オンザフライアップグレード
```

アップグレードの詳細

　Makefileによるアップグレードではどのような処理を実行しているのでしょうか。アップグレード作業はMakefileに記述されているタスクを実行する以外に、手動でも実行できます。手動で行う場合には、新しいバージョンに問題があった場合に切り戻すといった処理が可能です。オンザフライアップグレードは**図8.8**に示した処理で行われます。

221

図8.8 nginxのオンザフライアップグレード手順

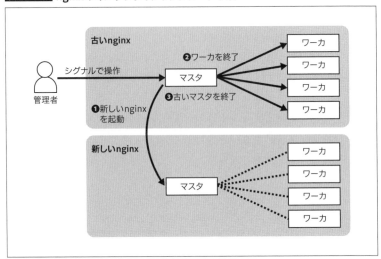

▌構文チェックの実行

まず、nginx.confの書式が正しいかどうか構文チェックを行いましょう。構文チェックは-tオプションを指定することで実行できます。

```
$ sudo nginx -t
```

▌❶新しいバイナリを起動

マスタプロセスに対しUSR2シグナルを送信すると、新しいバイナリを使用してnginxのプロセス群が起動します[注25]。

```
$ sudo kill -USR2 $(/usr/local/nginx/nginx.pid)
```

この状態では古いnginxプロセス群、新しいプロセス群の両方がリクエストを処理することが可能です。

このとき古いnginxのマスタプロセスのPIDは.oldbinの接尾辞が付いたファイルに書き込まれます。古いnginxのマスタプロセスに対し処理を行うにはこのPIDファイルを使用して行うことができます。

注25 ここではnginxのPIDファイルが/usr/local/nginx/nginx.pidに配置されていることを前提にしています。

❷古いワーカプロセスを終了

次に古いnginxのマスタプロセスに対しWINCHシグナルを送信します。

```
$ sudo kill -WINCH $(/usr/local/nginx/nginx.pid.oldbin)
```

WINCHシグナルを受け取ったマスタプロセスは、古いワーカプロセスを処理が終わった順に終了させていきます。ワーカプロセスがすべて終了すると新しいnginxのプロセス群がすべてのリクエストを処理するようになります。

❸古いマスタプロセスを終了

ワーカが問題なくリクエストを処理していれば、古いnginxのマスタプロセスに対しQUITシグナルを送信します。

```
$ sudo kill -QUIT $(/usr/local/nginx/nginx.pid.oldbin)
```

これで新しいnginxのプロセス群だけが残ればアップグレードは完了です。

アップグレードの切り戻し

新しいnginxで処理を行い始めたときにリクエストのステータスに異常が見られた場合、あるいはほかの問題が発生した場合は、アップグレードの切り戻しを行うことができます。切り戻しには2つの方法があります。

1つ目は、古いnginxのマスタプロセスに対しHUPシグナルを送信することで古いnginxのワーカをもう一度起動させる方法です。この状態で新しいnginxのマスタプロセスに対しQUITシグナルを送信することで、安全に古いマスタプロセスに戻すことができます。

2つ目は、新しいnginxのマスタプロセスをTERMシグナルにより終了させる方法です。マスタプロセスが終了しない場合KILLシグナルにより強制的に終了する必要があるかもしれません。新しいnginxが終了したことを検知すると、古いnginxが自動的にワーカプロセスを起動します。この方法はやや強引ではありますが切り戻しを行うことが可能です。

第 **8** 章　Webサーバの運用とメトリクスモニタリング

8.7

まとめ

　本章ではnginxの運用に必要なログファイルの取り扱い、メトリクスモニタリング、そしてバイナリアップグレードについて説明しました。ステータスモニタリングのログの記録はWebサービスを運用するうえで最低限確認しなければならない事柄です。特に、ログファイルは問題発生時の唯一の手がかりになることが多いため、十分に設定を確認しておく必要があります。問題解決を行ううえで支障がないか確認しておきましょう。

　Fluentdによるログ収集基盤を構築してしまえば、Norikraのようなストリームプロセッシング以外に、Treasure Data、Google BigQuery、Amazon Redshiftといった外部サービスによるデータ解析や、Elasticsearchと Kibanaによるログの可視化も行えます。Fluentdによるログ収集を基盤として、より使いやすいログ解析基盤を構築しましょう。

　最後に、nginxのバイナリアップグレードについて触れました。nginxは非常に速い速度で開発されており互換性を保ちながらも新しい機能が実装され続けています。アップグレードを行うことで新機能が使用できるようになるだけでなく、動作速度の改善やセキュリティ面での修正なども得られます。常に新しいバージョンを検証しアップグレードを継続的に行いましょう。高頻度のアップグレードを行うことで1回のアップグレードあたりの差分を少なく保つことができるため、確認すべき項目を少なくすることができ、難易度を下げることができます。

224

第**9**章

Luaによるnginxの拡張
——Embed Lua into nginx

第9章 Luaによるnginxの拡張 —— Embed Lua into nginx

nginxのサードパーティモジュールの中でも特筆すべき存在の一つに、ngx_lua[注1]があります。ngx_luaは、nginxをLuaというスクリプト言語で拡張するためのサードパーティモジュールです。nginx.confにLuaスクリプトを埋め込んだり、拡張モジュールをLuaスクリプトで作成できます。

本章ではLuaスクリプトをnginx.confに埋め込んで実行する方法や、そのためのディレクティブ、nginxの内部データを操作するためのAPIについて詳しく解説していきます。

9.1 ngx_lua

先述のとおり、ngx_luaはnginxをLuaで拡張するためのサードパーティモジュールです。nginxの主要なAPIをLuaから利用できるようになっているほか、Luaのコルーチンやnginxのノンブロッキングソケットとイベント駆動アーキテクチャを組み合わせることで、サブリクエストの実行や外部サーバプログラムとの通信処理をノンブロッキングで行うことが可能になっています。

LuaとLuaJIT

Luaはアプリケーションへの組込み用途に適したスクリプト言語です。非常に軽量でありながら、テーブルやコルーチン、メタプログラミング、ガベージコレクションといった実用的な機能を備えています。また、Cと連携して利用しやすいように設計されており、CとLuaの双方から関数の呼び出しや変数へのアクセスが可能です。たとえば設定ファイルをLuaスクリプトで記述することでアプリケーションを柔軟に制御しつつ、アプリケーション自体はCで開発するといったことが簡単に行えます。

LuaJIT[注2]はLuaのJIT（*Just In Time*）コンパイラです。Luaとは完全に別の言語処理系プログラムですが、Luaよりも高速でLuaとの互換性も高い

注1　https://github.com/openresty/lua-nginx-module
注2　http://luajit.org/

ので、LuaJITが利用可能でパフォーマンスを重視するのであればこちらを利用するのがよいでしょう。

　ngx_luaで想定されているLuaのバージョンは5.1系であり、執筆時点では5.2系や最新版の5.3系はまだサポートされていないので注意しましょう。LuaJITは2.0と2.1のバージョンがサポートされています。

環境の準備

▌ Lua、LuaJITのインストール

　まず、LuaあるいはLuaJITをインストールします。Debian GNU/Linux 8.0（jessie）であれば次のコマンドでインストールが完了します。

```
$ sudo apt-get install -y lua5.1 liblua5.1-0 liblua5.1-0-dev  Lua
$ sudo apt-get install -y luajit libluajit-5.1-dev           LuaJIT
```

▌ ngx_luaをnginxに組み込む

　次にngx_luaのソースコードをダウンロードします。ここではGitを利用します[注3]。

```
$ git clone https://github.com/openresty/lua-nginx-module.git
```

　後述するset_by_luaディレクティブなどの特定のディレクティブを利用するためにはngx_devel_kitが必要となるので、合わせてダウンロードします。

```
$ git clone https://github.com/simpl/ngx_devel_kit.git
```

　あとはそのほかのサードパーティモジュールと同様に、nginxのconfigure時に--add-moduleを利用して組み込みます。

```
$ ./configure --add-module=ngx_luaへのパス --add-module=ngx_devel_kitへのパス
$ make
$ sudo make install
```

　LuaJITを利用する際は、ビルドする前に次のようにLuaJITのライブラリパスとインクルードパスを設定します[注4]。

注3　Gitを導入していなければ別途インストールしてください。
注4　パスは環境によって異なります。

第 **9** 章　Luaによるnginxの拡張 —— **Embed Lua into nginx**

```
$ export LUAJIT_LIB=/usr/lib/x86_64-linux-gnu
$ export LUAJIT_INC=/usr/include/luajit-2.0
```

9.2

nginxをLuaで拡張

これまでの章で見てきたとおりnginx.confは独自の構文で記述しますが、ngx_luaを利用することでnginx.conf内にLuaのコードを埋め込むことができるようになります。たとえばngx_luaのset_by_luaディレクティブを使えば、任意のLuaのコードの実行結果をnginxの内部変数に代入できるようになります。たとえば**リスト9.1**のlocationディレクティブ（❶）にアクセスすると、1からnまでの総和を求めるLuaのコードの実行結果を変数$sumに代入し、returnディレクティブがその内容を返します。

リスト9.1　**1からnまでの総和をレスポンスとして返す**

```
# GET /sum?n=10 -> 55
# 簡略化のためエラー処理は省略
location /sum { ❶
    default_type text/plain;

    # $sumにLuaスクリプトの実行結果を代入
    set_by_lua $sum "
        result = 0
        for i=1, ngx.var.arg_n do
            result = result + i
        end
        return result
    ";
    # 変数$sumの内容を返す
    return 200 $sum;
}
```

ngx_luaにはこのほかにも、nginxの各リクエスト処理フェーズにフックしてLuaのコードを実行するためのディレクティブが数多く用意されているので、単にnginx.conf内にLuaのコードを埋め込めるというだけでなく、nginxの拡張モジュールをCの代わりにLuaで開発することも可能です。

228

nginxの各リクエスト処理フェーズとLuaが実行されるタイミング

nginxは受信したリクエストを図9.1のフローに従って処理します。

図9.1 nginxのリクエスト処理フェーズ

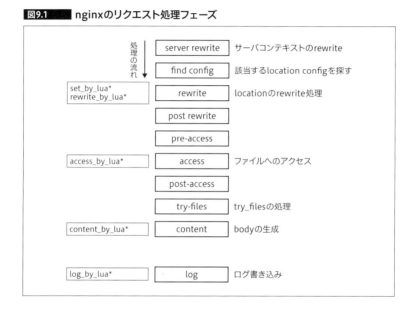

　ngx_luaはこれらの処理フェーズのうち、rewrite、access、content、logのフェーズにLuaスクリプトをフックするためのディレクティブが用意されています。また、これらのフェーズにフックするためのディレクティブや、それ以外のフェーズ以外の箇所にフックするためのディレクティブもあります。

　*_by_luaディレクティブにはLuaスクリプトの文字列を、*_by_lua_fileディレクティブにはLuaスクリプトのパスを指定します。*_by_lua_fileディレクティブへ与えるパスは、フルパスかnginxのビルド時に--prefixで指定したパスからの相対パスとして指定します[注5]。

注5　nginxのビルドについては第2章「ソースコードからのインストール」(16ページ)を参照してください。

rewriteフェーズ

rewriteフェーズはURIのrewrite処理を行うフェーズです。rewriteフェーズでは次の4つのディレクティブを用いてLuaスクリプトを実行できます(**書式9.1〜9.4**)。

書式9.1 set_by_luaディレクティブ

構文	**set_by_lua** $変数名 Luaスクリプト文字列 [引数1 引数2 …];
コンテキスト	server、server中のif、location、location中のif
実行フェーズ	rewrite
解説	Luaスクリプト(文字列)の実行結果をnginxの内部変数に代入する

書式9.2 set_by_lua_fileディレクティブ

構文	**set_by_lua_file** $変数名 Luaスクリプトファイルパス [引数1 引数2 …];
コンテキスト	server、server中のif、location、location中のif
実行フェーズ	rewrite
解説	Luaスクリプト(ファイル)の実行結果をnginxの内部変数に代入する

書式9.3 rewrite_by_luaディレクティブ

構文	**rewrite_by_lua** Luaスクリプト文字列;
コンテキスト	http、server、location、location中のif
実行フェーズ	rewrite
解説	ngx_http_rewrite_moduleのあとに実行するLuaスクリプト(文字列)を指定する

書式9.4 rewrite_by_lua_fileディレクティブ

構文	**rewrite_by_lua_file** Luaスクリプトファイルパス;
コンテキスト	http、server、location、location中のif
実行フェーズ	rewrite
解説	ngx_http_rewrite_moduleのあとに実行するLuaスクリプト(ファイル)を指定する

これらのディレクティブの実行タイミングには微妙に違いがあります。rewrite_by_*ディレクティブは標準モジュールであるngx_http_rewrite_

moduleが実行されたあとに実行されますが、set_by_*ディレクティブは
ngx_http_rewrite_moduleの中で実行されます[注6]。

　そのため**リスト9.2**のように書くと、set_by_luaディレクティブ、
rewrite_by_luaディレクティブの順に実行されます。

リスト9.2 set_by_luaディレクティブとrewrite_by_luaディレクティブを実行する

```
location /set_and_rewrite {
    default_type text/plain;

    set_by_lua $chapter 'return "nginx" .. " + " .. "lua"';
    rewrite_by_lua 'ngx.say("chapter = " .. ngx.var.chapter)';
}
```

　/set_and_rewriteにアクセスすると、期待どおり chapter = nginx + lua
のレスポンスボディが返ってきます。

　set_by_*ディレクティブはsetディレクティブと違って動的な変数埋め
込みが可能で便利な反面、非常に短い時間で実行されることを想定してい
るので、あまり複雑なコードを埋め込むのは避けるべきです。と言うのも
set_by_*ディレクティブはノンブロッキング処理をサポートしていないの
で、たとえば後述するngx.location.captureのようなノンブロッキング処
理用のAPIを利用できません。そのためset_by_*ディレクティブで実行さ
れるLuaコードは完全なブロッキング処理になります。

■ accessフェーズ

　accessフェーズはアクセス制御を行うフェーズです。accessフェーズでは**書
式9.5～9.6**の2つのディレクティブを用いてLuaスクリプトを実行できます。

書式9.5 access_by_luaディレクティブ

構文	**access_by_lua** Luaスクリプト文字列;
コンテキスト	http、server、location、location中のif
実行フェーズ	access
解説	ngx_http_access_moduleのあとに実行するLuaスクリプト（文字列）を指定する

注6　setディレクティブも同じタイミングで実行されます。

第**9**章　Luaによるnginxの拡張——Embed Lua into nginx

書式9.6　access_by_lua_fileディレクティブ

構文	**access_by_lua_file** Luaスクリプトファイルパス;
コンテキスト	http、server、location、location中のif
実行フェーズ	access
解説	ngx_http_access_moduleのあとに実行するLuaスクリプト（ファイル）を指定する

　これらのディレクティブは、ngx_http_access_moduleが実行されたあとに実行されます。allow、denyディレクティブでは記述するのが難しい認証処理を記述する際に利用すると便利です（**リスト9.3**）。

リスト9.3　access_by_luaディレクティブによる認証処理

```
location /auth {
    deny 192.168.10.1;
    allow 192.168.0.0/16;
    deny all;
    # もっと複雑な処理がしたい
    access_by_lua '
        -- 複雑な認証処理
        ...
    ';
}
```

contentフェーズ

　contentフェーズはレスポンスの生成を行うフェーズです。contentフェーズでは**書式9.7～9.8**の2つのディレクティブを用いてLuaスクリプトを実行できます。

書式9.7　content_by_luaディレクティブ

構文	**content_by_lua** Luaスクリプト文字列;
コンテキスト	location、location中のif
実行フェーズ	content
解説	レスポンス生成時に実行するLuaスクリプト（文字列）を指定する

書式9.8　content_by_lua_fileディレクティブ

構文	**content_by_lua_file** Luaスクリプトファイルパス;
コンテキスト	location、location中のif
実行フェーズ	content
解説	レスポンス生成時に実行するLuaスクリプト(ファイル)を指定する

　ngx_luaを利用してレスポンスボディを生成する際は、これらのディレクティブを利用するのが一般的です。

■ logフェーズ

　logフェーズはロギングを行うフェーズです。**書式9.9～9.10**の2つのディレクティブを用いてLuaスクリプトを実行できます。

書式9.9　log_by_luaディレクティブ

構文	**log_by_lua** Luaスクリプト文字列;
コンテキスト	http、server、location、location中のif
実行フェーズ	log
解説	ロギング時に実行するLuaスクリプト(文字列)を指定する

書式9.10　log_by_lua_fileディレクティブ

構文	**log_by_lua_file** Luaスクリプトファイルパス;
コンテキスト	http、server、location、location中のif
実行フェーズ	log
解説	ロギング時に実行するLuaスクリプト(ファイル)を指定する

　これらのディレクティブはnginxがリクエストを処理し終わったあとに実行されるので、特殊なロギング処理[注7]を行う場合に利用するとよいでしょう(**リスト9.4**)。

注7　Fluentdへログを送信するなどの処理を指します。

第 **9** 章　Luaによるnginxの拡張 —— Embed Lua into nginx

リスト9.4 log_by_luaディレクティブによるロギング

```
location / {
    default_type text/plain;

    content_by_lua '
        -- レスポンス生成
        ...
        -- レスポンスを返す
        ngx.say(response)
    ';
    log_by_lua '
        if ngx.status == ngx.HTTP_OK then
            ngx.log(ngx.INFO, "Success")
        else
            ngx.log(ngx.ERR, "Error")
        end
    ';
}
```

▌初期化フェーズ

　これまで紹介したディレクティブはnginxがリクエストを処理するフェーズごとのフックでしたが、これら以外にnginxの初期化時にフックできるディレクティブもあります（**書式9.11〜9.14**）。

書式9.11 init_by_luaディレクティブ

構文	**init_by_lua** Luaスクリプト文字列;
コンテキスト	http
実行フェーズ	nginx.conf読み込み時
解説	nginxのマスタプロセスがnginx.confを読み込む最中に実行するLuaスクリプト（文字列）を指定する

書式9.12 init_by_lua_fileディレクティブ

構文	**init_by_lua_file** Luaスクリプトファイルパス;
コンテキスト	http
実行フェーズ	nginx.conf読み込み時
解説	nginxのマスタプロセスがnginx.confを読み込む最中に実行するLuaスクリプト（ファイル）を指定する

234

nginxをLuaで拡張 **9.2**

書式9.13 init_worker_by_luaディレクティブ

構文	**init_worker_by_lua** Luaスクリプト文字列;
コンテキスト	http
実行フェーズ	ワーカプロセス起動時
解説	nginxが起動した際に各ワーカプロセスごとに実行するLuaスクリプト（文字列）を指定する

書式9.14 init_worker_by_lua_fileディレクティブ

構文	**init_worker_by_lua_file** Luaスクリプトファイルパス;
コンテキスト	http
実行フェーズ	ワーカプロセス起動時
解説	nginxが起動した際に各ワーカプロセスごとに実行するLuaスクリプト（ファイル）を指定する

init_by_luaディレクティブとinit_by_lua_fileディレクティブは、nginxのマスタプロセスがnginx.confを読み込んでいる最中にLuaスクリプトを実行します。外部のLuaモジュールをロードする際は、リクエストを処理するフェーズごとのフックではなくこのディレクティブを利用するのが効率的です。

```
# Luaモジュールをロード
init_by_lua '
    require "resty.core"
';
```

これに対してinit_worker_by_luaディレクティブとinit_worker_by_lua_fileディレクティブは、nginxが起動した際に各ワーカプロセスごとにLuaスクリプトを実行します。ワーカプロセスごとにタイマーを利用して定期的なタスクを実行する際に利用すると便利です。

その他のフェーズ

nginxのモジュールの中には、生成されたレスポンスのヘッダやボディをフィルタリングするためのモジュールがあります[8]。**書式9.15〜9.18**のディレクティブは、そういったモジュール相当の処理をLuaで実装するた

注8　たとえばngx_http_gzip_filter_moduleやngx_http_image_filter_moduleなどです。

235

第9章 Luaによるnginxの拡張──Embed Lua into nginx

めのものです。

書式9.15 header_filter_by_luaディレクティブ

構文	**header_filter_by_lua** Luaスクリプト文字列;
コンテキスト	http、server、location、location中のif
実行フェーズ	レスポンスヘッダのフィルタリング時
解説	レスポンスヘッダのフィルタリング時に実行するLuaスクリプト（文字列）を指定する

書式9.16 header_filter_by_lua_fileディレクティブ

構文	**header_filter_by_lua_file** Luaスクリプトファイルパス;
コンテキスト	http、server、location、location中のif
実行フェーズ	レスポンスヘッダのフィルタリング時
解説	レスポンスヘッダのフィルタリング時に実行するLuaスクリプト（ファイル）を指定する

書式9.17 body_filter_by_luaディレクティブ

構文	**body_filter_by_lua** Luaスクリプト文字列;
コンテキスト	http、server、location、location中のif
実行フェーズ	レスポンスボディのフィルタリング時
解説	レスポンスボディのフィルタリング時に実行するLuaスクリプト（文字列）を指定する

書式9.18 body_filter_by_lua_fileディレクティブ

構文	**body_filter_by_lua_file** Luaスクリプトファイルパス;
コンテキスト	http、server、location、location中のif
実行フェーズ	レスポンスボディのフィルタリング時
解説	レスポンスボディのフィルタリング時に実行するLuaスクリプト（ファイル）を指定する

もちろんちょっとしたレスポンスのヘッダやボディの書き換えにも利用できます（**リスト9.5**）。

リスト9.5 header_filter_by_luaディレクティブとbody_filter_by_luaディレクティブでレスポンスのヘッダとボディを書き換え

```
location /lower_header_and_upper_body {
    proxy_pass http://app;
    # レスポンスヘッダ書き換え
    header_filter_by_lua '
        ngx.header["X-App-Header"] = string.lower(ngx.header["X-App-Header"])
    ';
    # レスポンスボディ書き換え
    body_filter_by_lua '
        ngx.arg[1] = string.upper(ngx.arg[1])
    ';
}
```

Luaの実行環境を設定

Luaの実行環境に関連したディレクティブも用意されています。

lua_code_cacheディレクティブ(**書式9.19**)が有効の場合、ngx_luaは*_by_lua_fileディレクティブによって実行されるLuaのコードをnginxの起動時にロードしてキャッシュし、以後そのキャッシュを利用することでngx_luaの処理が高速化されます。逆に無効にした場合はnginxがHTTPリクエストを処理するたびにLuaのコードがロードされるようになるのでパフォーマンスが劣化します。そのため本番環境ではこのディレクティブは常に有効に設定し、デバッグ時にだけ無効にするようにしましょう。

書式9.19 lua_code_cacheディレクティブ

構文	**lua_code_cache** on | off;
デフォルト値	on
コンテキスト	http、server、location、location中のif
解説	Luaのコードキャッシュを有効／無効にする

lua_use_default_typeディレクティブ(**書式9.20**)は、nginxのdefault_typeディレクティブで設定されたデフォルトのMIMEタイプを利用するかどうかを指定するディレクティブです。この設定はデフォルトで有効になっています。

第 **9** 章　Luaによるnginxの拡張——Embed Lua into nginx

書式9.20 lua_use_default_typeディレクティブ

構文	**lua_use_default_type** on | off;
デフォルト値	on
コンテキスト	http、server、location、location中のif
解説	ngx_luaのレスポンスのデフォルトのMIMEタイプにnginxのdefault_typeディレクティブの値を利用する／利用しない

lua_package_pathディレクティブ(**書式9.21**)とlua_package_cpathディレクティブ(**書式9.22**)は、利用したい外部Luaモジュールのパスを指定するためのものです。

書式9.21 lua_package_pathディレクティブ

構文	**lua_package_path** Luaのモジュールパス;
デフォルト値	環境変数LUA_PATHの値あるいはLua自体のデフォルト値
コンテキスト	http
解説	Luaのモジュールパスを指定する

書式9.22 lua_package_cpathディレクティブ

構文	**lua_package_cpath** LUAのCモジュールパス;
デフォルト値	環境変数LUA_CPATHの値あるいはLua自体のデフォルト値
コンテキスト	http
解説	LuaのCモジュールのパスを指定する

次のようにモジュールのパスをセミコロン(;)区切りで指定します。

```
# Luaモジュールのパス
lua_package_path '/opt/lua/?.lua;/usr/local/lua-externals/?.lua;;';
# LuaのCモジュールのパス
lua_package_cpath '/opt/lib/lua/?.so;/usr/local/lib/lua-externals/?.lua;;';
```

末尾の;;はそれぞれのパスのデフォルト値を表しています。

ngx_luaにはそのほかにも非常にたくさんのディレクティブがありますが、紙幅の都合上すべてを紹介することはできません。その他のディレクティブについて知りたい場合はngx_luaのドキュメント注9を参照してください。

注9　https://github.com/openresty/lua-nginx-module/blob/master/README.markdown

9.3 ngx_lua APIプログラミング

ここからは、ngx_luaの各種APIの利用方法について解説していきます[注10]。

ngx_luaには、nginxが処理中のHTTPリクエストやレスポンスとそのヘッダをはじめとするnginxの内部データを操作するためのAPIが数多く用意されています。また、共有メモリを利用してnginxの各ワーカプロセス間でデータを共有したり、Luaのプログラム自体は同期的に記述しつつ、動作はノンブロッキングあるいは非同期に行うための高度なAPIを提供しているのもngx_luaの大きな特徴の一つです。

Hello, World!

まずはngx_luaにおけるHello, World!の一例を紹介しましょう。ここではngx.say()（**書式9.23**）を利用してHello, World!のレスポンスボディを生成しています。

書式9.23 **ngx.say()**

構文	ok, err = ngx.say(…)
実行可能フェーズ	rewrite_by_lua*、access_by_lua*、content_by_lua*
解説	レスポンスボディのバッファに出力する（改行あり）

```
location /hello {
    default_type text/plain;

    content_by_lua '
        ngx.say("Hello, World!")
    ';
}
```

/helloにアクセスすると、期待どおりHello, World!のレスポンスボデ

注10　各ngx_lua APIの書式はngx_luaのドキュメントに倣ったもので、nginxのディレクティブの書式とは若干異なります。

ィが返ってきます。

また、Luaのコードをnginx.confに埋め込むのではなく、ファイルパスとして指定することもできます。ファイルパスは絶対パスか./configureの--prefixで指定したパス[注11]からの相対パスで指定します。

```
location /hello {
    default_type text/plain;

    # $ cat hello.lua
    # ngx.say("Hello, World!")
    content_by_lua_file hello.lua;
}
```

ngx.say()に非常に似ているAPIとしてngx.print()というAPIがあります（**書式9.24**）。

書式9.24 ngx.print()

構文	ok, err = ngx.print(…)
実行可能フェーズ	rewrite_by_lua*、access_by_lua*、content_by_lua*
解説	レスポンスボディのバッファに出力する（改行なし）

この2つの違いは末尾に改行を付加するかしないかだけです。なので、ngx.print()を使って同じ結果を返したいのであれば、次のように書くことができます。

```
-- ngx.printはngx.sayと違って末尾に改行を付加しない
ngx.print("Hello, World!\n")
```

ngx.say()やngx.print()はコマンドラインプログラムでいうところのprintf()にあたるAPIです。しかし、出力先はstdoutやstderrではなく、レスポンスボディのバッファになります。また、呼び出された時点でまだレスポンスヘッダがクライアントに送信されていない場合は、ngx.say()やngx.print()が最初に呼び出されたときにレスポンスヘッダをクライアントに送信します。

注11　第2章「ファイルパスの指定」（18ページ）を参照してください。

HTTPステータスの設定

次に、特定のURIへのアクセスに対して403（Forbidden）を返す処理を書いてみましょう。HTTPレスポンスのステータスを設定するにはngx.exit()（**書式9.25**）を利用します（**リスト9.6**）。

書式9.25 ngx.exit()

構文	ngx.exit(status)
実行可能 フェーズ	rewrite_by_lua*、access_by_lua*、content_by_lua*、header_filter_by_lua、ngx.timer.*
解説	Luaスクリプトの実行を中断して指定されたHTTPステータスコードページをクライアントに返す

リスト9.6 ステータス403（Forbidden）を返す

```
location = /maintenance.html {
    # /maintenance.htmlにアクセスが来た場合は403を返す
    access_by_lua '
        ngx.exit(ngx.HTTP_FORBIDDEN)
    ';
}
```

ngx.exit()が呼び出されるとngx_luaはLuaスクリプトの実行を中断し、指定されたHTTPステータスコードページをクライアントに返します。しかし、ngx.say()やngx.print()を呼び出してすでにレスポンスヘッダやボディをクライアントに送信してしまっている場合、ngx.exit()でHTTPステータスを設定してもクライアントに返されるHTTPステータスは200（OK）になります。

```
ngx.say("output response body")
-- すでにレスポンスヘッダが
-- クライアントに送信されているので
-- HTTPステータスは200になる
ngx.exit(ngx.HTTP_FORBIDDEN)
```

ngx.exit()で設定可能なHTTPステータスのいくつかは変数として定義されているので、利用可能な場合はマジックナンバーではなく変数を利用するようにしましょう（**表9.1**）。

241

第 **9** 章 　Lua による nginx の拡張 ── Embed Lua into nginx

表9.1 　ngx.exitで利用できるHTTPステータスの変数

変数名	ステータスコード
ngx.HTTP_OK	200
ngx.HTTP_CREATED	201
ngx.HTTP_SPECIAL_RESPONSE	300
ngx.HTTP_MOVED_PERMANENTLY	301
ngx.HTTP_MOVED_TEMPORARILY	302
ngx.HTTP_SEE_OTHER	303
ngx.HTTP_NOT_MODIFIED	304
ngx.HTTP_BAD_REQUEST	400
ngx.HTTP_UNAUTHORIZED	401
ngx.HTTP_FORBIDDEN	403
ngx.HTTP_NOT_FOUND	404
ngx.HTTP_NOT_ALLOWED	405
ngx.HTTP_GONE	410
ngx.HTTP_INTERNAL_SERVER_ERROR	500
ngx.HTTP_METHOD_NOT_IMPLEMENTED	501
ngx.HTTP_SERVICE_UNAVAILABLE	503
ngx.HTTP_GATEWAY_TIMEOUT	504

HTTPステータスの変数が利用可能な実行フェーズは次のとおりです。

```
init_by_lua*、set_by_lua*、rewrite_by_lua*、access_by_lua*、content_by_lua
*、header_filter_by_lua*、body_filter_by_lua*、log_by_lua*、ngx.timer.*
```

ロギング

ngx_luaでロギングを行うには、ngx.log()を利用します（**書式9.26**）。

書式9.26 　ngx.log()

構文	ngx.log(log_level, …)
実行可能フェーズ	init_by_lua*、init_worker_by_lua*、set_by_lua*、rewrite_by_lua*、access_by_lua*、content_by_lua*、header_filter_by_lua*、body_filter_by_lua*、log_by_lua*、ngx.timer.*
解説	エラーログに出力する

```
local result, err = do_something()
if err then
  ngx.log(ngx.ERR, "error: ", err)
```

242

ngx_lua APIプログラミング **9.3**

```
end
```

第1引数にはログレベルを、第2引数以降にはログに出力するメッセージを可変長引数形式で指定します。ただし、第2引数以降で指定できるのは数値、文字列、真偽値、nilのみで、テーブルは指定できません。ログレベルはnginxのerror_logディレクティブで指定できるものと同じです（**表9.2**）。stderrは少し特殊で、ログの出力先をファイルではなく標準エラー出力に指定します。

表9.2 nginxのログレベル（上から重要度が高い）

ログレベル	ngx_luaの定数
stderr	ngx.STDERR
emerg	ngx.EMERG
alert	ngx.ALERT
crit	ngx.CRIT
error	ngx.ERR
warn	ngx.WARN
notice	ngx.NOTICE
info	ngx.INFO
debug	ngx.DEBUG

リダイレクト

ngx_luaには、HTTPリダイレクトを行うためのAPIが2種類用意されています。一つはngx.exec()（**書式9.27**）で、このAPIはnginx内部でリダイレクトを行うためのものです[注12]。

書式9.27 ngx.exec()

構文	ngx.exec(uri, args?)[※]
実行可能フェーズ	rewrite_by_lua*、access_by_lua*、content_by_lua*
解説	内部リダイレクトする

※「?」は省略可能であることを表します。

注12　内部リダイレクトについては、第6章のコラム「rewriteとtry_filesディレクティブの挙動」（147ページ）を参照してください。

243

第 **9** 章　Luaによるnginxの拡張 —— Embed Lua into nginx

　リスト9.7では/internal_redirectのロケーションにアクセスが来た場合に別のロケーションにリダイレクトしています。

リスト9.7　ngx_luaで内部リダイレクト

```
# @internalに内部リダイレクト
location = /internal_redirect {
    content_by_lua '
        ngx.exec("@internal")
    ';
}

location @internal {
    return 200 "internal redirection";
}
```

　/internal_redirectにアクセスすると、次のレスポンスボディが返ってきます。

```
internal redirection
```

　もう一つは、HTTPステータスを301（Moved Permanently）あるいは302（Found）に設定してリダイレクト用のURIをクライアントに返すngx.redirect()（**書式9.28**）です（**リスト9.8**）。

書式9.28　ngx.redirect()

構文	ngx.redirect(uri, status?)
実行可能フェーズ	rewrite_by_lua*、access_by_lua*、content_by_lua*
解説	HTTPリダイレクトする

リスト9.8　ngx_luaでリダイレクト

```
location /redirect_uri {
    content_by_lua '
        ngx.redirect("http://gihyo.jp/")
    ';
}
```

　デフォルトは302（Found）です。明示的にHTTPステータスを指定するには第2引数を利用します（**リスト9.9**）。

244

リスト9.9 ngx.redirect()で明示的にHTTPステータスを指定する

```
ngx.redirect("http://gihyo.jp/", ngx.HTTP_MOVED_PERMANENTLY)
```

/redirect_uriにアクセスすると次のレスポンスヘッダが返ってきます。

```
HTTP/1.1 301 Moved Permanently
Server: nginx/1.9.5
Date: Fri, 16 Oct 2015 00:57:12 GMT
Content-Type: text/html
Content-Length: 184
Connection: keep-alive
Location: http://gihyo.jp/
```

ngx.exec()とngx.redirect()もngx.exit()と同様、呼び出された時点
でLuaスクリプトの実行を中断します。

URIのリライト

ngx.req.set_uri()は、nginxのrewriteディレクティブのngx_luaバー
ジョンとも言えるAPIです（**書式9.29**）。

書式9.29 ngx.req.set_uri()

構文	ngx.req.set_uri(uri, jump?)
実行可能フェーズ	set_by_lua*、rewrite_by_lua*、access_by_lua*、content_by_lua*、header_filter_by_lua*、body_filter_by_lua*
解説	URIをリライトする

たとえばrewriteディレクティブを使ったnginxの設定（**リスト9.10**）は、
ngx_luaを使うと**リスト9.11**のように書くことができます。

リスト9.10 rewriteディレクティブによるURIのリライト

```
location /image/ {
    rewrite ^/image/(.+\.jpg)$ /image/jpg/$1 break;
    return 403;
}
```

第 9 章　Luaによるnginxの拡張 —— Embed Lua into nginx

リスト9.11 ngx_luaによるURIのリライト

```
location /image/ {
    rewrite_by_lua '
        local file = string.match(ngx.var.uri, "^/image/(.+%.jpg)$")
        if not file then
            ngx.exit(ngx.HTTP_FORBIDDEN)
        end
        local uri = "/image/jpg/" .. file
        ngx.req.set_uri(uri)
    ';
}
```

9.4

nginxの内部変数の参照

nginxの内部変数には、ngx.var.変数名でアクセスします（**書式9.30**）。

書式9.30 ngx.var.変数名

構文	ngx.var.変数名
実行可能フェーズ	set_by_lua*、rewrite_by_lua*、access_by_lua*、content_by_lua*、header_filter_by_lua*、body_filter_by_lua*、log_by_lua*
解説	nginxの内部変数を参照、上書きする

```
-- nginxの内部変数である$uriをLuaの変数にコピー
local uri = ngx.var.uri
-- nginxの内部変数である$remote_addrをLuaの変数にコピー
local remote_addr = ngx.var.remote_addr
```

　ここで一つ注意してほしいのですが、ngx.var.変数名を使ってnginxの内部変数を読み出すと、その都度変数のデータ分のメモリのアロケーションとコピーが行われます。

```
-- ngx.var.uriにアクセスするたびに
-- $uriのデータ分のメモリのアロケーションとコピーが行われる
do_something1(ngx.var.uri)
do_something2(ngx.var.uri)
```

　そのため、ngx.var.変数名に複数回アクセスする場合は次のようにLua

246

の変数に代入してから利用するのがよいでしょう。

```
local uri = ngx.var.uri
do_something1(uri)
do_something2(uri)
```

　ngx.var.変数名に限らずngx_luaのAPIを利用してLuaからnginxの内部データを読み出す場合は、Cのデータ（文字列、構造体のメンバなど）のコピーがLuaに渡される関係上、その都度メモリのアロケーションやコピーが行われます。そのため複数回同じAPIを利用してnginxの内部データを読み出す場合は最初にLuaの変数に代入してから利用するほうが効率的です。

```
-- nginxの内部データに複数回アクセスする場合は
-- Luaの変数に代入して使いまわす
local uri  = ngx.var.uri
local headers = ngx.req.get_headers()

do_something1(uri)
do_something2(headers)
```

　ngx.var.変数名を利用してnginxの内部変数に値を代入することもできますが、これにはいくつか制限があります。

- 代入不可能な変数（定数）がある
- 既存の変数に対してだけ代入可能
- 代入できるのは文字列と数値とnilのみ

代入不可能な変数（定数）がある

　nginx側であらかじめ定義されている変数の中には、代入不可能、つまり実質は定数のものがあります。たとえば$uriを変更しようとするとvariable "uri" not changeableという内容のエラーがログに出力されてLuaスクリプトの実行が停止します。また、HTTPステータスが500（Internal Server Error）に設定されます。

```
-- $uriには代入不可能
ngx.var.uri = "/assign"
```

既存の変数に対してだけ代入可能

set_by_luaディレクティブなどの変数を定義するディレクティブを除き、Luaスクリプト内で代入可能な変数はすでに定義されているものに限られます。これは**リスト9.12**を見るとわかりやすいでしょう。

リスト9.12 ngx_luaで代入可能な変数

```
location /assign {
    default_type text/plain;

    set         $data1 "hoge1";
    set_by_lua $data2 'return "hoge2"';
    content_by_lua '
        ngx.var.data1 = "fuga1" -- 代入成功
        ngx.var.data2 = "fuga2" -- 代入成功
        ngx.var.data3 = "fuga3" -- 代入失敗（エラー）
    ';
}
```

このように、setディレクティブやset_by_luaディレクティブおよびset_by_lua_fileディレクティブで作成された変数（$data1と$data2）であれば代入可能ですが、$data3のようにLuaのコード内で新規に内部変数を作成して値を代入することはできません。

代入できるのは文字列と数値とnilのみ

Luaスクリプト内で代入できるデータ型は、文字列と数値、そしてnilのみです。tableやbooleanといった型の値を代入しようとするとエラーになってLuaスクリプトの実行が停止します。また、HTTPステータスが500（Internal Server Error）に設定されます。

```
ngx.var.data1 = "str" -- 代入成功
ngx.var.data2 = 1      -- 代入成功
ngx.var.data3 = nil    -- 代入成功
ngx.var.data4 = {}     -- 代入失敗
ngx.var.data5 = true   -- 代入失敗
```

9.5
HTTPリクエストやレスポンスの操作／参照

次に、処理中のHTTPリクエストやレスポンスを参照／操作するためのAPIを紹介していきます。

ヘッダの操作／参照

ngx.req.set_header()を利用すると、nginxが受信したHTTPリクエストに新しいヘッダを追加できます（**書式9.31**）。

書式9.31 ngx.req.set_header()

構文	ngx.req.set_header(header_name, header_value)
実行可能フェーズ	set_by_lua*、rewrite_by_lua*、access_by_lua*、content_by_lua*、header_filter_by_lua*、body_filter_by_lua*
解説	nginxが受信したHTTPリクエストにヘッダを追加する、あるいは既存のヘッダを更新する

たとえば次のように利用します。

```
ngx.req.set_header("X-Original-Header", "Original Value")
```

このAPIは、たとえばnginxが受信したHTTPリクエストをプロキシする前に加工するのに役立ちます（**リスト9.13**）。

リスト9.13 User-AgentにAndroidが含まれる場合は独自ヘッダ（X-OS-Type）を設定してからプロキシする

```
location / {
    rewrite_by_lua '
        local ua = ngx.var.http_user_agent
        if string.match(ua, "Android") then
            ngx.req.set_header("X-OS-Type", "Android")
        end
    ';
    proxy_pass http://backends;
}
```

249

また、ngx.req.get_headers()を利用すると、HTTPリクエストのヘッダ情報をLuaのテーブルで取得できます(**書式9.32**)。

書式9.32 ngx.req.get_headers()

構文	headers = ngx.req.get_headers(max_headers?, raw?)
実行可能フェーズ	set_by_lua*、rewrite_by_lua*、access_by_lua*、content_by_lua*、header_filter_by_lua*、body_filter_by_lua*、log_by_lua*
解説	HTTPリクエストのヘッダ情報をLuaのテーブルで取得する

たとえば次のように利用します。

```
-- HTTPリクエストのヘッダ情報を出力する
local req_headers = ngx.req.get_headers()
for k, v in pairs(req_headers) do
  ngx.say(k, ":", v)
end
```

もちろん特定のヘッダのみを取得するためのシンタックスも用意されています。

```
-- HTTPリクエストのHostヘッダを取得
local host = ngx.req.get_headers()["Host"]
```

また、HTTPレスポンスのヘッダにアクセスするには、ngx.header.ヘッダ名を利用します(**書式9.33**)。

書式9.33 ngx.header.ヘッダ名

構文	ngx.header.ヘッダ名 = value value = ngx.header.ヘッダ名
実行可能フェーズ	rewrite_by_lua*、access_by_lua*、content_by_lua*、header_filter_by_lua*、body_filter_by_lua*、log_by_lua*
解説	HTTPレスポンスのヘッダを参照、更新する

HTTPリクエストのヘッダを操作するためのAPIと違って、こちらのAPIはデータの参照と更新の両方を兼ねています。次の例ではSet-CookieヘッダにCookieの値をセットしています。

HTTPリクエストやレスポンスの操作／参照 **9.5**

```
-- Set-Cookieヘッダに値をセットする
local expires = 3600 -- 1 hour
ngx.header["Set-Cookie"] = "pass=ngx_lua; HttpOnly; Expires=" .. ngx.cooki
e_time(ngx.time() + expires)
```

　nginxのHTTPリクエストおよびレスポンスヘッダは、それぞれ連結リスト構造になっています。そのため、ngx_luaを通して新しいヘッダを追加したり特定のヘッダ情報を取得する場合、HTTPヘッダの数に比例して処理コストが増大する点に注意しましょう。

クエリパラメータの操作／参照

　クエリパラメータを参照するにはngx.req.get_uri_args()を利用します（**書式9.34**）。

書式9.34 ngx.req.get_uri_args()

構文	args = ngx.req.get_uri_args(max_args?)
実行可能 フェーズ	set_by_lua*、rewrite_by_lua*、access_by_lua*、content_by_lua*、header_filter_by_lua*、body_filter_by_lua*、log_by_lua*
解説	HTTPクエリパラメータを参照する

　リスト9.14では、クエリパラメータのキー名と値の一覧をレスポンスとして返すロケーションを定義しています。

リスト9.14 HTTPクエリパラメータを参照する

```
location /book {
    default_type text/plain;

    content_by_lua '
      local args = ngx.req.get_uri_args()
      for k, v in pairs(args) do
        ngx.say(k, ":", v)
      end
    ';
}
```

　このロケーションに対してGET /book?name=nginx&chapter=ngx_lua&publisher=gihyo&writer=cubicdaiya HTTP/1.0でアクセスすると、次のレス

251

ポンスが返ってきます。

```
chapter: ngx_lua
publisher: gihyo
name: nginx
writer: cubicdaiya
```

ngx.req.set_uri_args()(**書式9.35**)を利用することで、クエリパラメータを上書きすることもできます(**リスト9.15**)。

書式9.35 ngx.req.set_uri_args()

構文	ngx.req.set_uri_args(args)
実行可能フェーズ	set_by_lua*、rewrite_by_lua*、access_by_lua*、content_by_lua*、header_filter_by_lua*、body_filter_by_lua*
解説	HTTPクエリパラメータを更新する

リスト9.15 HTTPクエリパラメータを上書きする

```
location / {
    # クエリパラメータをpass=ngx_luaにセットする
    rewrite_by_lua '
        local new_args = {
            pass = "ngx_lua",
        }
        ngx.req.set_uri_args(new_args)
    ';
    proxy_pass http://app;
}
```

POSTパラメータの参照

POSTパラメータを参照するには、ngx.req.get_post_args()を利用します(**書式9.36**)。

書式9.36 ngx.req.get_post_args()

構文	args, err = ngx.req.get_post_args(max_args?)
実行可能フェーズ	rewrite_by_lua*、access_by_lua*、content_by_lua*、header_filter_by_lua*、body_filter_by_lua*、log_by_lua*
解説	POSTパラメータを参照する

リスト9.16では、受け取ったPOSTパラメータのキー名と値の一覧をレスポンスとして返すロケーションを定義しています。

リスト9.16 POSTパラメータを参照する

```
location /book_post {
    default_type text/plain;

    content_by_lua '
        -- リクエストボディを読み込む
        ngx.req.read_body()

        -- POSTパラメータを取得する
        local args, err = ngx.req.get_post_args()
        if not args then
            ngx.say("failed to get post args: ", err)
            return
        end

        -- POSTパラメータの一覧をレスポンスとして出力する
        for k, v in pairs(args) do
            ngx.say(k, ":", v)
        end
    ';
}
```

ngx_luaでPOSTリクエストを処理するには、リスト9.16のようにngx.req.read_body()(**書式9.37**)を呼び出すか、lua_need_request_bodyディレクティブ(**書式9.38**)を有効にする必要があります。

書式9.37 ngx.req.read_body()

構文	ngx.req.read_body()
実行可能フェーズ	rewrite_by_lua*、access_by_lua*、content_by_lua*
解説	リクエストボディを同期的に読み込む

書式9.38 lua_need_request_bodyディレクティブ

構文	**lua_need_request_body** on | off;
デフォルト値	off
コンテキスト	http、server、location、locationの中のif
解説	Luaスクリプト実行前のリクエストボディの読み込みを有効/無効にする

253

9.6 正規表現

ngx_luaから正規表現を利用するには2通りの方法があります。一つはLuaの正規表現機能を利用する方法、もう一つはngx_luaの正規表現API[注13]を利用する方法です。

Luaの正規表現機能は、Lua自体が非常に軽量で組込み用途を念頭に置いている関係上シンプルで機能も少なめです。またメタ文字のエスケープに\ではなく%が使われていたりとほかのLL（Lightweight Language、軽量言語）の実装と比べて若干癖があります。

これに対してngx.reは広く利用されているPerl互換の正規表現エンジンであるPCREを使用しているので、PerlやPHPなどのユーザには馴染みのある正規表現が利用可能です。たとえば画像のレスポンスを返す際にフォーマットによって別々の処理を行いたい場合は、ngx.re.match()（**書式9.39**）を使うと**リスト9.17**のように書けます。

書式9.39 ngx.re.match()

構文	captures, err = ngx.re.match(subject, regex, options?, ctx?, res_table?)
実行可能フェーズ	init_worker_by_lua*、set_by_lua*、rewrite_by_lua*、access_by_lua*、content_by_lua*、header_filter_by_lua*、body_filter_by_lua*、log_by_lua*、ngx.timer.*
解説	PCREによる正規表現マッチングを行う

リスト9.17 ngx_luaによる正規表現処理

```
local subject = ngx.header.content_type  -- レスポンス内のContent-Typeヘッダ
local regex   = "^image/([^/]+)$"
local m = ngx.re.match(subject, regex)
if m then
  if m[1] == "jpeg" then
     do_something1()
  elseif m[1] == "gif" then
     do_something2()
  elseif m[1] == "png" then
```

注13　以下ngx.reと表記します。

```
      do_something3()
   end
else
  -- not matched
end
```

ngx.reで利用可能な修飾子

　ngx.reの各APIでは**表9.3**の修飾子が利用可能です。ngx_luaやPCRE
のバージョン、ビルドオプションによっては利用できないものもあるので
注意してください。

表9.3 ■ ngx_luaの正規表現APIで利用可能な修飾子

修飾子	解説
i	大文字と小文字を区別しない
o	初実行時に一度だけ正規表現をコンパイルし、各ワーカプロセスごとにキャッシュする
j	PCREのJITコンパイル機能を有効にする
d	正規表現をDFA※で処理する
a	対象文字列の先頭でのみマッチするようにする
m	複数行モードを有効にする
s	1行モードを有効にする
u	PCREのUTF-8モードを有効にする
U	PCREのUTF-8モードを有効にする（正当なUTF-8文字列かどうかのチェックを行わない）
x	PCREのExtendedモードを有効にする
D	正規表現の名前付きキャプチャで重複を許す
J	JavaScript互換モードを有効にする

※ Deterministic Finite Automaton

　特にngx.reの性能を引き上げたい場合は、o（Compile-Once）とj（Just-
In-Time Compile）のオプションを付加するのがお勧めです。ただ、jオプ
ションを利用するにはPCREのJIT機能が有効になっている必要がありま
す[注14]。

注14　本章のコラム「PCREのJIT機能が有効かチェックする」（264ページ）参照してください。

第 **9** 章　Luaによるnginxの拡張 —— Embed Lua into nginx

9.7

データの共有

　次に、ngx_luaのデータ共有APIについて解説していきます。ngx_lua
は次の2種類のデータ共有のためのAPIを提供しています。

- ngx.ctx
- ngx.shared.ゾーン名

ngx.ctx

　ngx.ctx（**書式9.40**）は、nginxの各リクエスト処理フェーズ間でのデー
タ共有を行うためのAPIです（**リスト9.18**）。

書式9.40 ngx.ctx

実行可能 フェーズ	init_worker_by_lua*、set_by_lua*、rewrite_by_lua*、access_by_lua*、content_by_lua*、header_filter_by_lua*、body_filter_by_lua*、log_by_lua*、ngx.timer.*
解説	nginxの各リクエスト処理フェーズ間でデータを共有する

リスト9.18 ngx.ctxによる各リクエスト処理フェーズ間でのデータ共有

```
location /ctx {
    default_type text/plain;

    rewrite_by_lua "
        -- ngx.ctx.phasesを初期化
        ngx.ctx.phases = {'rewrite'}
    ";
    access_by_lua "
        -- ngx.ctx.phasesに'access'を追加
        table.insert(ngx.ctx.phases, 'access')
    ";
    content_by_lua "
        -- ngx.ctx.phasesに'content'を追加
        table.insert(ngx.ctx.phases, 'content')
        local phases = ngx.ctx.phases
        -- ngx.ctx.phasesに追加されたフェーズをレスポンスで返す
        for i, v in ipairs(phases) do
            ngx.say(v)
```

256

```
      end
    ";
}
```

/ctxにアクセスすると次のレスポンスボディが返ってきます。

```
rewrite
access
content
```

各ワーカプロセスのngx_luaによって実行されるステートマシンは各フェーズで共通なので、Luaのグローバル変数を使っても各処理フェーズ間でデータを共有することはできます。しかし、ngx.ctxはLuaのグローバル変数と違って各リクエストごとに独立したデータ領域[注15]を利用しているので、Luaのグローバル変数よりも安全に扱うことができます。

ngx.shared.ゾーン名

ngx.ctxがnginxの各リクエスト処理フェーズ間でのデータ共有を行うために利用するのに対して、ngx.shared.ゾーン名はワーカプロセス間でデータを共有するのに利用します。このAPIを利用するには、あらかじめnginx.confでlua_shared_dictディレクティブを利用してデータの共有に使うゾーン名とサイズを指定する必要があります（**書式9.41**）。

書式9.41 lua_shared_dictディレクティブ

構文	**lua_shared_dict** ゾーン名 サイズ;
デフォルト値	なし
コンテキスト	http
解説	ngx_luaからアクセスできるゾーンを定義する

```
lua_shared_dict dict 50M;
```

ngx.shared.ゾーン名（**書式9.42**）はngx.ctxと違い各ワーカプロセス間でデータを共有できるので、ちょっとしたオンメモリKVSとして利用することが可能です（**リスト9.19**）。ゾーンから値を取り出すにはngx.shared.

注15　実体はLuaのテーブルです。

ゾーン名:get()（**書式9.43**）、ゾーンに値を格納するにはngx.shared.ゾーン名:set()（**書式9.44**）を使います。

書式9.42 ngx.shared.ゾーン名

構文	dict = ngx.shared.ゾーン名 dict = ngx.shared.ゾーン名[var_name]
実行可能 フェーズ	init_by_lua*、init_worker_by_lua*、set_by_lua*、rewrite_by_lua*、access_by_lua*、content_by_lua*、header_filter_by_lua*、body_filter_by_lua*、log_by_lua*、ngx.timer.*
解説	Luaからゾーンを参照する

リスト9.19 ngx.shared.ゾーン名によるワーカプロセス間でのデータ共有

```
lua_shared_dict writing 50M;
init_by_lua '
    local writing = ngx.shared.writing
    writing:set("publisher", "技術評論社")
    writing:set("book", "nginx実践入門")
    writing:set("uri", "http://gihyo.jp")
    writing:set("author", "久保達彦&道井俊介")
';
server {
    location /shared {
        default_type text/plain;

        content_by_lua '
            local writing = ngx.shared.writing
            ngx.say("出版社:" .. writing:get("publisher"))
            ngx.say("書籍名:" .. writing:get("book"))
            ngx.say("URI  :" .. writing:get("uri"))
            ngx.say("著者 :" .. writing:get("author"))
        ';
    }
}
```

書式9.43 ngx.shared.ゾーン名:get()

構文	value, flags = ngx.shared.ゾーン名:get(key)
実行可能 フェーズ	set_by_lua*、rewrite_by_lua*、access_by_lua*、content_by_lua*、header_filter_by_lua*、body_filter_by_lua*、log_by_lua*、ngx.timer.*
解説	ゾーンから値を取得する

データの共有 **9.7**

書式9.44 ngx.shared.ゾーン名:set()

構文	success, err, forcible = ngx.shared.ゾーン名:set(key, value, exptime?, flags?)
実行可能フェーズ	init_by_lua*、set_by_lua*、rewrite_by_lua*、access_by_lua*、content_by_lua*、header_filter_by_lua*、body_filter_by_lua*、log_by_lua*、ngx.timer.*
解説	ゾーンに値を格納する

/sharedにアクセスすると次のレスポンスボディが返ってきます。

```
出版社:技術評論社
書籍名:nginx実践入門
URI    :http://gihyo.jp
著者   :久保達彦&道井俊介
```

ngx.shared.ゾーン名で利用できるのは数値、文字列、真偽値、nilのみです。テーブルは指定できません。

```
local writing = ngx.shared.writing
writing:set("data1", "str")   -- 代入成功
writing:set("data2", 1)       -- 代入成功
writing:set("data3", nil)     -- 代入成功
writing:set("data4", {})      -- 代入失敗
writing:set("data5", true)    -- 代入成功
```

また、これまでの例では簡略化のため省きましたが、ngx.shared.ゾーン名:set()（書式9.44）は共有メモリが溢れていたり利用できないデータ型の値を格納しようとした場合に失敗するので、プロダクション環境で利用する際は戻り値をチェックして適切にエラーハンドリングするようにしましょう。

```
-- 代入が失敗するケース
local table = {}
success, err = writing:set("data", table)
if not success then
  ngx.log(ngx.ERR, err)
end
```

259

第 **9** 章　Luaによるnginxの拡張 ── Embed Lua into nginx

9.8
サブリクエストをノンブロッキングで処理

　ngx_luaの大きな特徴の一つに、強力なノンブロッキング処理のサポートが挙げられます。この特徴を活かしているAPIが、次に紹介するngx.location.capture()（**書式9.45**）です。

書式9.45　ngx.location.capture()

構文	res = ngx.location.capture(uri, options?)
実行可能フェーズ	rewrite_by_lua*、access_by_lua*、content_by_lua*
解説	nginxの別のロケーションに対してサブリクエストをノンブロッキングで発行する

　ngx.location.capture()はnginxの別のロケーションに対して内部的なHTTPリクエスト[注16]を発行し、そのレスポンスを取得します。それだけでももちろん便利なのですが、ngx.location.capture()の良いところは、その一連の処理をノンブロッキングで行うことです。

　たとえばLuaのコード内で外部サーバへリクエストを発行して、その結果を利用したい場合を考えてみましょう。実際には他社のシステム（たとえば広告配信システム）へアクセスするといったケースが考えられます。この場合、単純に外部サーバへHTTPリクエストを発行してしまうと、そこでnginxのワーカプロセスがブロッキングされてしまいます。しかし、ngx.location.capture()とproxy_passディレクティブを組み合わせることでこの問題を回避できます（**リスト9.20**）。

リスト9.20　サブリクエストをノンブロッキングで処理する

```
# 外部のサーバへプロキシする
location /external_server_request {
    internal;
    proxy_pass http://external_server;
}

location /main {
```

注16　一般的にはサブリクエストと呼ばれます。

```
    content_by_lua '
        -- ノンブロッキング的な動作をする
        local res = ngx.location.capture("/external_server_request")
        …
    ';
}
```

　nginxは非常に少ないワーカプロセスで大量のTCPコネクションをさばくことを念頭に置いたアーキテクチャになっているので、長時間ブロックされてしまうような処理があると急激にパフォーマンスが劣化します。そのため、極力ブロッキングが発生しないようにするのが、nginxやngx_luaで効率的なシステムを構築する際の秘訣です。ngx.location.capture()はその一助となるでしょう。

9.9
実践的なサンプル

　最後にちょっとしたアクセス認証機能をngx_luaで実装してみましょう。HTTPリクエスト時に指定できるパラメータ(**表9.4**)のうち$publickey、$expires、$signatureの3つをクライアントに要求することでアクセスされるリソースに有効期限を設定したり、特定のユーザにだけアクセス可能にできます。

表9.4 各種パラメータの解説

パラメータ名	解説
$method	HTTPメソッド名(GET、POSTなど)
$uri	URI
$privatekey	サーバ側で設定された秘密鍵
$publickey	アクセス認証に利用する公開鍵
$expires	リソースの有効期限(UNIXタイムスタンプ)
$signature	アクセス認証に利用するシグネチャ

　$sinatureは次の計算式で算出します。

```
$text = $method + $uri + $expires + $publickey
$signature = base64(hmac_sha1($privatekey, $text))
```

第**9**章　Luaによるnginxの拡張 —— **Embed Lua into nginx**

この認証機能をngx_luaで実装してみましょう（**リスト9.21**）。

リスト9.21 ngx_luaによる認証処理の実装

```
server {
    set $publickey "nginx";
    set $privatekey "lua";
    location / {
        access_by_lua '
            -- GETリクエストのパラメータをLuaの変数に代入
            local arg_publickey = ngx.var.arg_publickey
            local arg_signature = ngx.var.arg_signature
            local arg_expires   = ngx.var.arg_expires

            -- expiresを文字列から数値に変換
            local expires = tonumber(arg_expires)

            -- nginx.confで設定された公開／秘密鍵をLuaの変数に代入
            local publickey  = ngx.var.publickey
            local privatekey = ngx.var.privatekey

            -- 公開鍵や有効期限が設定されていない場合は403を返す
            if arg_publickey ~= publickey or
                not expires
            then
                ngx.exit(ngx.HTTP_FORBIDDEN)
            end

            -- シグネチャを計算
            local plaintext = table.concat({ngx.var.request_method,
                                            ngx.var.uri,
                                            arg_expires,
                                            publickey})
            local hmac_sha1 = ngx.hmac_sha1(privatekey, plaintext)
            local signature = ngx.encode_base64(hmac_sha1)

            -- 有効期限が過ぎている場合は403を返す
            if expires < ngx.now()
            then
                ngx.exit(ngx.HTTP_FORBIDDEN)
            end

            -- シグネチャが一致した場合は
            -- フックの処理を終了する
            if signature == arg_signature
            then
```

```
            return
        end

        -- シグネチャが一致しない場合は403を返す
        ngx.exit(ngx.HTTP_FORBIDDEN)
    ';

    # 認証を通ったリクエストのみプロキシする
    proxy_pass http://app;
    }
}
```

　Apacheやnginxには今回ngx_luaで実装した認証機能と同等の機能を実現するサードパーティモジュールがありますが[注17]、C言語で実装されたこれらのモジュールのコード行数が数百行あるのに対し、このngx_luaによる実装では40行程度に収まっており、ngx_luaの生産性の高さがうかがえます。

9.10
まとめ

　本章では、nginxのサードパーティモジュールの中でも特筆すべき存在であるngx_luaについて解説しました。ngx_luaを利用することで、nginxを利用して柔軟性の高いアプリケーションを開発することが可能になります。また、LuaやLuaJITによるパフォーマンスの高さやメモリ使用効率の良さの恩恵を享受できるのもngx_luaを利用する利点の一つでしょう。

　しかし、そんなngx_luaも、実はOpenRestyというWebアプリケーションフレームワークを構成するコンポーネントの一つにすぎません。最終章では、nginxとngx_luaを含む複数のサードパーティモジュールをバンドルしたWebアプリケーションフレームワークであるOpenRestyについて解説します。

注17　・mod_access_token
　　　　https://github.com/livedoor/mod_access_token
　　　・ngx_access_token
　　　　https://github.com/cubicdaiya/ngx_access_token

第 **9** 章　Luaによるnginxの拡張 ── Embed Lua into nginx

C O L U M N

PCREのJIT機能が有効かチェックする

　PCREのJIT機能が有効かどうかチェックする方法は、nginxへのPCREの組込み方が静的か動的かで異なります。

　静的に組み込んでいる場合はnginx -Vを実行すると表示されるconfigureスクリプトに指定したオプションに--with-pcre-jitが含まれていれば有効です。

```
$ nginx -V
nginx version: nginx/1.9.5
built by clang 6.1.0 (clang-602.0.53) (based on LLVM 3.6.0svn)
configure arguments: --with-pcre=../pcre-8.37 --with-pcre-jit
```

　動的に組み込んでいる場合はPCREに付属しているpcretest -Cを利用します[注a]。次のような行が含まれていればJIT機能が利用可能です[注b]。

```
$ pcretest -C
...
Just-in-time compiler support: x86 64bit (little endian + unaligned)
...
```

　実際にnginxでPCREのJIT機能を有効にするには、pcre_jitディレクティブを設定する必要があります[注c]。

注a　ディストリビューションが提供しているPCREのパッケージによってはpcretestが含まれていないので注意してください。

注b　CPUのアーキテクチャ名などは環境によって出力が異なります。

注c　第3章「pcre_jitディレクティブ」(59ページ)を参照してください。

第 **10** 章

OpenResty
──nginxベースのWebアプリケーションフレームワーク

第**10**章　OpenResty——nginxベースのWebアプリケーションフレームワーク

最終章では、nginxとngx_luaをはじめとするサードパーティモジュールをベースにしたWebアプリケーションフレームワークであるOpenRestyを紹介します。

10.1

OpenRestyの導入

OpenRestyは、nginxに大量のサードパーティモジュール一式をバンドルしたWebアプリケーションフレームワークです。Cで書かれたnginxのサードパーティモジュール（**表10.1**）のほかにngx_luaのAPIを利用してLuaで書かれたモジュール（**表10.2**）を数多く含んでおり、これらのモジュールもまたnginxおよびngx_lua単体で利用できます。OpenRestyは、あくまでnginx関連のソフトウェアモジュールとLuaおよびLuaJITをバンドルして利用しやすいようにしたパッケージと考えればよいでしょう。

表10.1　OpenRestyにバンドルされているサードパーティモジュール（抜粋）

モジュール名	解説	URL
lua-nginx-module	nginxをLuaで拡張できるモジュール	https://github.com/openresty/lua-nginx-module
echo-nginx-module	設定やモジュールのデバッグに便利な機能を集めたモジュール	https://github.com/openresty/echo-nginx-module
headers-more-nginx-module	HTTPヘッダの操作をよりフレキシブルにできるモジュール	https://github.com/openresty/headers-more-nginx-module
set-misc-nginx-module	nginxの変数操作をよりフレキシブルにできるモジュール	https://github.com/openresty/set-misc-nginx-module
encrypted-session-nginx-module	nginxの変数の値を暗号化／復号するためのモジュール	https://github.com/openresty/encrypted-session-nginx-module

266

表10.2 OpenRestyにバンドルされているLuaモジュール（抜粋）

モジュール名	解説	URL
lua-resty-core	Luaでngx_luaのAPIを実装したモジュール	https://github.com/openresty/lua-resty-core
lua-resty-string	ngx_lua向けの文字列操作モジュール	https://github.com/openresty/lua-resty-string
lua-resty-memcached	ngx_lua向けのmemcachedドライバモジュール	https://github.com/openresty/lua-resty-memcached
lua-resty-redis	ngx_lua向けのRedisドライバモジュール	https://github.com/openresty/lua-resty-redis
lua-resty-mysql	ngx_lua向けのMySQLドライバモジュール	https://github.com/openresty/lua-resty-mysql
lua-resty-websocket	ngx_lua向けのWebSocketドライバモジュール	https://github.com/openresty/lua-resty-websocket
lua-resty-upload	ngx_lua向けのファイルアップロードモジュール	https://github.com/openresty/lua-resty-upload

OpenRestyを利用するメリット

　先述のとおり、OpenRestyはnginx関連のソフトウェアモジュールとLuaおよびLuaJITをバンドルして利用しやすいようにしたパッケージです。

　前章で紹介したngx_luaは非常に強力で、nginx単体ではほぼ不可能な柔軟な処理を記述したり、本格的なアプリケーションを開発することも可能です。しかし、ngx_lua自体はあくまでLuaでnginxを拡張するしくみを整えることを重点に置いているため、本格的なアプリケーションを開発するには少々心許ないです。

　OpenRestyにはmemcached、Redis、MySQLといった各種サーバソフトウェアと通信するためのドライバやJSONパーサ、セッションの暗号化／復号を行うためのモジュールなど、アプリケーションを開発するうえでよく利用されるモジュールがバンドルされているので、最初から効率良くアプリケーションの開発に取りかかることが可能です[注1]。

注1　OpenRestyにバンドルされていないLuaモジュールを別途インストール・管理したい場合は、LuaRocksのようなパッケージマネージャを利用するとよいでしょう。
https://luarocks.org/

第**10**章　OpenResty──nginxベースのWebアプリケーションフレームワーク

OpenRestyのダウンロード

OpenRestyのダウンロードは公式Webサイト[注2]から行うことができます。

本章では執筆時点での最新版であるngx_openresty-1.9.3.1をベースに解説していきます。OpenRestyには最新版のリリースとは別にレガシー版のリリースがありますが、レガシー版はnginx本体（のAPI）とサードパーティモジュールの互換性で問題が出たときのために用意されているものなので、特に理由がなければ最新版のリリースを利用するのがよいでしょう。

OpenRestyのインストール

OpenRestyをインストールするには次のソフトウェアが必要です。

- **Perl**
- **PCRE**
- **readline**
- **OpenSSL**

ダウンロードしたソースコードを展開後、./configure、make、make installの順に実行します。

```
$ tar ngx_openresty-1.9.3.1.tar.gz
$ cd ngx_openresty-1.9.3.1
$ ./configure --prefix=/usr/local
$ make
$ sudo make install
```

また、OpenRestyにはLuaおよびLuaJITがバンドルされており、デフォルトでLuaJITが組み込まれるようになっています。

■ 付属モジュールの組込み／取り外し

OpenRestyに付属している一部のモジュールを有効にするには、configureスクリプトに明示的にオプションを指定する必要があります。逆

注2　http://openresty.org/

268

にデフォルトで有効なモジュールも、configureスクリプトを利用して無効にできます。ただ、OpenRestyの付属モジュールのほとんどはデフォルトで有効になっており、それらのモジュールをあえて取り外すケースはまれなのでこれらのオプションを利用する機会はあまりないでしょう[注3]。

■ OpenRestyにバンドルされているnginxのビルドオプションを指定

OpenRestyのconfigureスクリプトはnginx本体のconfigureスクリプトを継承しているので、若干の差異はあるものの同じオプションがほぼそのまま利用可能です。たとえば、OpenRestyにバンドルされていないサードパーティモジュールを組込みたい場合は、nginxと同様に--add-moduleで追加できます。

10.2
OpenRestyにバンドルされているLuaモジュール

続いて、OpenRestyにバンドルされているLuaモジュールをいくつか紹介していきます。OpenRestyにバンドルされているLuaモジュールの中には、後述するlua-resty-coreなどのようにLuaJITを利用することを前提としていたり、memcachedやRedisなどの外部のサーバと通信するドライバモジュールのようにngx_luaの特定のディレクティブに動作が依存しているモジュールがある点に注意しましょう[注4]。

resty-cli

もともとngx_luaはnginx.confにLuaのコードを埋め込んだり、nginxの各処理フェーズにLuaのコードやソースファイルをフックして実行するといった機能を提供していますが、これは裏を返せばnginxの外ではngx_

注3　各オプションの詳細はconfigure --helpで参照できます。

注4　これらのドライバモジュールはnginxのノンブロッキングソケットを利用しており、ngx_luaにはこのソケットに対する数種類のタイムアウト値を設定するためのディレクティブが用意されています。

第**10**章　OpenResty──nginxベースのWebアプリケーションフレームワーク

luaのコードを実行できないということです。そのため、ngx_luaでアプリ
ケーションを開発・デバッグする際はHello, World!のように非常に簡単
なコードを実行する場合でもcurlコマンドなどを使ってHTTPリクエスト
を送るといった手順が必要でした。しかし、resty-cliを利用することで、
ngx_lua向けのコードをコマンドラインで実行できます。次のコードは
resty-cliによるHello, World!の例です。

```
$ resty -e 'ngx.say("Hello, World!")'
Hello, World!
```

　インラインコードだけでなくLuaのソースファイルを指定することもで
きます。**リスト10.1**のようなコードを用意します。

リスト10.1 Hello, World! (hello.lua)

```
ngx.say("Hello, World!")
```

　次のようにLuaのソースファイルを指定します。

```
$ resty hello.lua
Hello, World
```

　resty-cliは、起動時にinit_by_luaディレクティブとinit_worker_by_
luaディレクティブを利用したnginx.confを生成し、引数で指定されたLua
のコードをngx.timer.at()のコールバック関数として実行します。ngx.
timer.at()で利用可能なngx_luaのAPIは限定されており、すべてのAPI
が実行できるわけではないので注意しましょう。たとえばngx.var.変数名
を利用しようとするとエラーになります。

```
$ resty -e 'ngx.say(ngx.var.nginx_version)'
(command line -e):1: API disabled in the current context
```

lua-cjson

　lua-cjsonは、JSONのエンコード／デコードのためのLuaモジュール
です。**リスト10.2**ではLuaのテーブルをJSONにエンコードしています。

リスト10.2 lua-cjsonでLuaのテーブルをJSONに変換

```
local json = require 'cjson'

local book = {
```

```
  title = "nginx実践入門",
  publisher = "技術評論社",
  authors = {"久保達彦", "道井俊介"}
}

book_json = json.encode(book)

ngx.say(book_json) -- {"publisher":"技術評論社","title":"nginx実践入門","au
thors":["久保達彦","道井俊介"]}
```

lua-resty-core

lua-resty-coreは、ngx_luaのAPIの一部をLuaで再実装したモジュールです。ngx_luaのAPIはもともとCとLuaの標準APIを利用して実装されているのですが、この部分はLuaJITを利用していても常にインタプリタで実行されるのでJITコンパイルによるパフォーマンス向上の恩恵を受けられないという問題があります。そこでlua-resty-coreの登場です。lua-resty-coreはFFI[注5]をベースにLuaプログラムとして実装されているので、JITコンパイルによるパフォーマンス向上の恩恵を受けることができます。

lua-resty-coreで再実装されたAPIはinit_by_luaディレクティブなどでresty.coreを読み込んで、既存のAPIを上書きすることで利用可能になります(**リスト10.3**)。

リスト10.3 lua-resty-coreのロード

```
init_by_lua '
    -- lua-resty-coreを初期化
    require "resty.core"
';
```

lua-resty-coreで再実装されているngx_luaのAPI一覧は、本家のマニュアル[注6]で確認できます。

注5　Foreign Function Interface。別プログラミング言語の関数を呼び出すためのしくみです。
注6　https://github.com/openresty/lua-resty-core/blob/master/README.markdown

第10章 OpenResty──nginxベースのWebアプリケーションフレームワーク

lua-resty-string

lua-resty-stringは、文字列操作のためのユーティリティを集めたモジュールです。機能的にはCで実装されたngx_luaのAPIと重複しているものもありますが、lua-resty-coreと同様にFFIをベースにLuaで実装されているので、LuaJITによるパフォーマンス向上の恩恵を受けることができます。

リスト10.4では、lua-resty-stringのAPIを利用して文字列のSHA1ハッシュ値を計算／出力しています。

リスト10.4 lua-resty-stringによる文字列処理

```
-- モジュールをロード
local resty_sha1 = require "resty.sha1"
local resty_str  = require "resty.string"

-- OpenRestyのSHA1ハッシュ値を計算（簡略化のためエラー処理は省略）
local sha1 = resty_sha1:new()
sha1:update("OpenResty")
local digest = sha1:final()

-- OpenRestyのSHA1ハッシュ値を16進数文字列でレスポンスする
local respose_body = resty_str.to_hex(digest)
ngx.say(respose_body) -- 2424740b7cbf0253042e3372f7da2d1fb87aa78a
```

lua-resty-memcached

lua-resty-memcachedは、ngx_luaのためのmemcachedドライバです。**リスト10.5**では外部のmemcachedサーバに接続して値を格納／取得しています。

リスト10.5 lua-resty-memcachedでmemcachedへアクセス

```
-- モジュールをロード
local memcached = require "resty.memcached"

-- memcachedオブジェクトを生成
local memcObj = memcached:new()

-- タイムアウト値を設定（単位はミリ秒）
memcObj:set_timeout(3000)
```

272

10.2 OpenRestyにバンドルされているLuaモジュール

```lua
-- memcachedサーバに接続
local ok, err = memcObj:connect("127.0.0.1", 11211)
if not ok then
  ngx.say("接続失敗: ", err)
  return
end

-- 値を格納
local expires = 300
local ok, err = memcObj:set("book", "nginx実践入門", expires)
if not ok then
  ngx.say("格納失敗: ", err)
  return
end

-- 値を取得
local res, flags, err = memcObj:get("book")
if err then
    ngx.say("取得失敗: ", err)
    return
end

-- 値を出力
ngx.say(res) -- nginx実践入門
```

　後述する lua-resty-redis にも当てはまりますが、これらのドライバモ
ジュールはnginxのノンブロッキングソケットを利用して実装されている
ため、通常のTCPソケットを利用して通信する場合とは異なり、外部のサ
ーバとの通信はすべてノンブロッキングで行われます。この特性は、ngx_
lua を利用したアプリケーション開発において非常に注目すべき点の一つ
です。第1章でも述べたように、nginxはそのアーキテクチャの性質上、ワ
ーカプロセスが大量のリクエストを同時に処理するために極力処理をブロ
ッキングしないで行うという特徴があります。これらのドライバモジュー
ルを利用することで、nginxの長所を損なうことなく ngx_lua でアプリケ
ーションを開発できます。

lua-resty-redis

　lua-resty-redis は、ngx_lua のための Redis ドライバです。**リスト10.6**

273

第**10**章　OpenResty —— nginxベースのWebアプリケーションフレームワーク

では外部のRedisサーバに接続して値を格納／取得しています。先ほど解説したlua-resty-memcachedと同様に、このドライバも外部のサーバとの通信はすべてノンブロッキングで行います。

リスト10.6 lua-resty-redisでRedisへアクセス

```
-- モジュールをロード
local redis = require "resty.redis"

-- Redisオブジェクトを生成
local redisObj = redis:new()

-- タイムアウト値を設定（単位はミリ秒）
redisObj:set_timeout(3000)

-- Redisサーバに接続
local ok, err = redisObj:connect("127.0.0.1", 6379)
if not ok then
  ngx.say("接続失敗: ", err)
  return
end

-- 値を格納
ok, err = redisObj:set("book", "nginx実践入門")
if not ok then
  ngx.say("格納失敗: ", err)
  return
end

-- 値を取得
local res, err = redisObj:get("book")
if not res then
  ngx.say("取得失敗: ", err)
  return
end

ngx.say(res) -- nginx実践入門
```

lua-resty-mysql

lua-resty-mysqlは、ngx_luaのためのMySQLドライバです。先ほど紹介したlua-resty-memcachedやlua-resty-redisと同様に、このモジュールもノンブロッキングで動作します。まず、**リスト10.7**のSQLをMySQL

に流し込みます。

リスト10.7 データベースとテーブルを作成

```sql
-- データベース作成
CREATE DATABASE IF NOT EXISTS nginx;
-- テーブル作成
DROP TABLE IF EXISTS nginx.book;
CREATE TABLE IF NOT EXISTS nginx.book(
    chapter_id INT NOT NULL,
    title VARCHAR(255) NOT NULL,
    author VARCHAR(32) NOT NULL,
PRIMARY KEY(chapter_id)
)ENGINE=InnoDB DEFAULT CHARSET=utf8;
-- データ挿入
INSERT INTO nginx.book VALUES(1, "nginxの概要とアーキテクチャ", "久保達彦");
INSERT INTO nginx.book VALUES(2, "インストールと起動", "久保達彦");
INSERT INTO nginx.book VALUES(3, "基本設定", "道井俊介");
INSERT INTO nginx.book VALUES(4, "静的なWebサイトの構築", "道井俊介");
INSERT INTO nginx.book VALUES(5, "安全かつ高速なHTTPSサーバの構築", "道井俊介");
INSERT INTO nginx.book VALUES(6, "Webアプリケーションサーバの構築", "道井俊介");
INSERT INTO nginx.book VALUES(7, "大規模コンテンツ配信サーバの構築", "道井
俊介");
INSERT INTO nginx.book VALUES(8, "Webサーバの運用とメトリクスモニタリング",
"道井俊介");
INSERT INTO nginx.book VALUES(9, "Luaによるnginxの拡張――Embed Lua into ng
inx", "久保達彦");
INSERT INTO nginx.book VALUES(10, "OpenResty――nginxベースのWebアプリケーシ
ョンフレームワーク", "久保達彦");
```

　このテーブルからデータを取得して出力する例が**リスト10.8**です。

リスト10.8 lua-resty-mysqlでMySQLへアクセス

```lua
-- モジュールをロード
local mysql = require "resty.mysql"
local cjson = require "cjson"

-- オブジェクトを生成
local db, err = mysql:new()
if not db then
  ngx.say("オブジェクト生成失敗: ", err)
  return
end

-- タイムアウト値を設定（単位はミリ秒）
```

第10章　OpenResty——nginxベースのWebアプリケーションフレームワーク

```
db:set_timeout(1000)

local ok, err, errno, sqlstate = db:connect{
  host = "127.0.0.1",
  port = 3306,
  database = "nginx",
  user = "root",
  password = ""
}

-- MySQLサーバに接続
if not ok then
  ngx.say("接続失敗: ", err, ": ", errno, " ", sqlstate)
  return
end

-- MySQLにクエリを発行
res, err, errno, sqlstate = db:query("SELECT * FROM book")
if not res then
  ngx.say("クエリ発行失敗: ", err, ": ", errno, ": ", sqlstate, ".")
  return
end

-- クエリの結果をJSONで出力
ngx.say(cjson.encode(res))
-- [
--     {"title":"nginxの概要とアーキテクチャ","chapter_id":1,"author":"久保
達彦"},
--     {"title":"インストールと起動","chapter_id":2,"author":"久保達彦"},
--     {"title":"基本設定","chapter_id":3,"author":"道井俊介"},
--     {"title":"静的なWebサイトの構築","chapter_id":4,"author":"道井俊介"},
--     {"title":"安全かつ高速なHTTPSサーバの構築","chapter_id":5,"author":"
道井俊介"},
--     {"title":"Webアプリケーションサーバの構築","chapter_id":6,"author":"
道井俊介"},
--     {"title":"大規模コンテンツ配信サーバの構築","chapter_id":7,"author":
"道井俊介"},
--     {"title":"Webサーバの運用とメトリクスモニタリング","chapter_id":8,"a
uthor":"道井俊介"},
--     {"title":"Luaによるnginxの拡張——Embed Lua into nginx","chapter_id"
:9,"author":"久保達彦"},
--     {"title":"OpenResty——nginxベースのWebアプリケーションフレームワー
ク","chapter_id":10,"author":"久保達彦"}
-- ]
```

10.3

memcached、Redis、MySQLへの
接続のクローズとキープアライブ

　リスト10.5、6、8でmemcached、Redis、MySQLと通信するサンプル
プログラムを示しましたが、これらのサンプルでは簡略化のため接続を閉
じる処理を省いています。実際の場面では正確に接続のハンドリングを行
いましょう（**リスト10.9**）。

リスト10.9 memcached、Redis、MySQLとの接続を閉じる

```
-- データストア（memcached、Redis、MySQL）との接続を閉じる
local ok, err = datastore:close()
if not ok then
  ngx.say("接続を閉じるのに失敗: ", err)
end
```

　close()の代わりにset_keepalive()を呼び出すことで、memcached、
Redis、MySQLとの接続をキープアライブにすることもできます（**リスト
10.10**）。

リスト10.10 memcached、Redis、MySQLとの接続をキープアライブ

```
-- キープアライブ用のパラメータ
local max_idle_timeout = 10000
    -- 利用されていないキープアライブ接続のタイムアウト（ミリ秒）
local pool_size = 50 -- コネクションプールのサイズ

-- データストア（memcached、Redis、MySQL）との接続をキープアライブ
local ok, err = datastore:set_keepalive(max_idle_timeout, pool_size)
if not ok then
  ngx.say("キープアライブ失敗: ", err)
end
```

第**10**章　OpenResty ── nginxベースのWebアプリケーションフレームワーク

10.4

まとめ

　最終章となる本章では、nginxとngx_luaを含む複数のサードパーティ
モジュールをバンドルしたWebアプリケーションフレームワークである
OpenRestyとそれに含まれるモジュールについて解説しました。

　OpenRestyではnginxとngx_luaを基本ベースにmemcached、Redis、
MySQLといった各種サーバソフトウェアと通信するためのドライバや
JSONエンコード／デコードのためのモジュールなど、Webアプリケーシ
ョン開発で必要となるモジュールを多数バンドルして簡単に利用できるよ
うになっています。

　また、lua-resty-coreのようにLuaJITの恩恵を受けられるモジュール
や、先述の各サーバソフトウェア向けのドライバモジュールのようにngx_
luaの利点を最大限に活かしたモジュールが簡単に利用できるのも、
OpenRestyの大きな魅力の一つと言えるでしょう。

COLUMN

OpenRestyやngx_luaを利用した アプリケーションのテスト

　OpenRestyやngx_luaを利用したアプリケーションのテストは
Test::NginxというCPANモジュール[注a]を利用することで効率良く書くこと
ができます。

cpanmでTest::Nginxをインストールする
```
$ cpanm Test::Nginx
```

　リストaはTest::Nginxを利用したHello, World!のテストです。

リストa　Test::Nginxを使ったテスト
```
use lib 'lib';
use Test::Nginx::Socket;

#repeat_each(3);
```

注a　http://search.cpan.org/dist/Test-Nginx/

278

まとめ **10.4**

```perl
plan tests => repeat_each() * 2 * blocks();

run_tests();

__DATA__

=== TEST 1: Hello, World!
--- config
    location /hello {   ❶
        content_by_lua 'ngx.say("Hello, World!")';
    }
--- request
    GET /hello
--- response_body
Hello, World!
```

　このファイルをt/hello.tというパスで保存し、Perlスクリプトとして実行することでテストを行うことができます[注b]。

```
$ perl t/hello.t
1..2
ok 1 - TEST 1: Hello, World! - status code ok
ok 2 - TEST 1: Hello, World! - response_body - response is expecte
d (req 0)
```

　また、Test::Nginxはリストa❶の部分からもわかるように、ngx_luaやOpenRestyを利用したアプリケーションに限らずnginxの設定の動作テストにも利用できます。

注b　tディレクトリ以下の複数のテストファイルに対してまとめてテスト実行したい場合はApp::Proveが便利です。

索引

※太字のものはディレクティブを表します。

記号

#	33
$	36
;	33
;;	238
{…}	34

数字

400	70
403	70
404	70
444	80
500	70
502	70
503	70
504	70

A

access_by_lua	231
access_by_lua_file	232
access_log	48
accessフェーズ	231
add_header	172
allow	71
alwaysパラメータ	172
anyパラメータ	168
Apache HTTP Server	5
Apache Software Foundation	5
App::Prove	279
$arg_属性名	38
ASF	5
auth_basic	74
auth_basic_user_file	74
autoindex	69

B

backupパラメータ	184
Bad gateway	70
Bad Request	70
Basic認証	74

BIND	161
$body_bytes_sent	37, 203
body_filter_by_lua	236
body_filter_by_lua_file	236
break	82
buffer_pathパラメータ	211
buffer_typeパラメータ	211
$bytes_sent	37

C

C10K	3
Cache-Control	174
CDN	155
CentOS	25
Chrome	195
CIDR	72
client_body_buffer_size	128
client_body_temp_path	129, 181
client_max_body_size	128, 181
combined	47, 204
$connection	37
$connection_requests	37
$connections_active	200
$connections_reading	200
$connections_waiting	200
$connections_writing	200
consistentパラメータ	186
content_by_lua	232
content_by_lua_file	233
$content_length	37
$content_type	37
Content-Type	45
contentフェーズ	232
$cookie_属性名	38
create_full_put_path	182
CRL	109
CSV	209

D

dav_access	182
dav_methods	181

索引

DDos攻撃...78
Debian GNU/Linux..............................24
default_type.......................................46
deny...72
DFA...255
DHE...102
dhparam...102
DHパラメータ.......................................102
DNSラウンドロビン..............................160
DoS攻撃...75
DSO...4
DSR方式...159
Dynamic Shared Object.......................4

E

ECDHE..102
echo-nginx-module.............................266
encrypted-session-nginx-module....266
epochパラメータ.................................174
epoll...9
error_log...49
error_page..69
Esper EPL...213
ETag...176, 177
etag...177
events..54
eventsコンテキスト..............................54
expires...173
Expires..174

F

fail_timeoutパラメータ.......................184
FastCGI.....................................19, 21, 143
fastcgi_params.................................144
fastcgi_pass......................................143
fastcgi_sprit_path_info...................144
FFI..271
fluent.conf...207
Fluentd...206
flush_intervalパラメータ.....................211
FLV..22
Forbidden..70
foreman..135
formatパラメータ.................................208
FreeBSD..25

G

Gateway Timeout..................................70
GD..22
Google Hosted Libraries....................156
GrowthForecast............................212, 214
gunzip..91
gzip...88
gzip_disable.......................................89
gzip_min_length...............................89
gzip_static..90
gzip_types..89
gzip圧縮転送..87

H

hash...186
header_filter_by_lua.......................236
header_filter_by_lua_file...............236
headers-more-nginx-module...173, 266
$host...37, 203
$hostname...37
HSTS...120
.htpasswd..74
http...40
HTTP/2..22, 103
$http_referer.......................................203
HTTPS..94
$http_user_agent...............................203
HTTPコンテキスト................................40
HTTPステータスコード.........................69
$http_フィールド名...............................38
HUP...28

I

if..84
If-Modified-Since...........................170, 176
If-None-Match................................170, 176
Igor Sysoev...2
image_filter......................................179
image_filter_buffer.........................179
inactiveパラメータ..............................166
include...38
index...68
init_by_lua..234
init_by_lua_file................................234

281

init_worker_by_lua	235
init_worker_by_lua_file	235
INT	28
Internal Server Error	70
I/O Multiplexing	9
ip_hash	186

J

jQuery CDN	156

K

Keep-Alive	56
keepalive	187
keepalive_timeout	55
Ketamaコンシステントハッシング	186
kill	27
kqueue	9

L

L2DSR方式	159
L3DSR方式	160
L4ロードバランサ	158
L7ロードバランサ	160
Labeled Tab-Separated Values	47
last	82
Last-Modified	176-177
ldd	98
leaky bucketアルゴリズム	77
least_conn	185
levelsパラメータ	164
limit_conn	76
limit_conn_zone	76
limit_req	77
limit_req_zone	77
listen	41
location	63
log_by_lua	233
log_by_lua_file	233
log_format	47, 202
log_not_found	51
logrotate	217
logフェーズ	233
LTSV	47, 205, 209
Lua	226
lua-cjson	270

lua_code_cache	237
LuaJIT	226
lua_need_request_body	253
lua-nginx-module	266
lua_package_cpath	238
lua_package_path	238
lua-resty-core	267, 271
lua-resty-memcached	267, 272
lua-resty-mysql	267, 274
lua-resty-redis	267, 273
lua-resty-string	267, 272
lua-resty-upload	267
lua-resty-websocket	267
LuaRocks	267
lua_shared_dict	257
lua_use_default_type	238
LVS	158

M

Mainline版	17
<match>ディレクティブ（Fluentd)	211
max_failsパラメータ	184
max_sizeパラメータ	164
maxパラメータ	174
memcached	21
MIMEタイプ	45
MITM	120
modifiedパラメータ	174
more_set_headers	173
MozillaWiki	97
MP4	22
MPM	5
$msec	37
msie6	89
Multi Processing Module	5
Munin	200

N

NAT方式	158
nginx	2
～の起動	26
～の終了、設定の再読み込み	27
NGINX, Inc.	2
NGINX Plus	13
nginx.conf	32

nginx_request 201
nginx_status 201
$nginx_version 37
nginxコマンド 28
ngx.ALERT 243
ngx_cache_purge 23
ngx.CRIT 243
ngx.ctx 256
ngx.DEBUG 243
ngx.EMERG 243
ngx.ERR 243
ngx.exec () 243
ngx.exit () 241
ngx.header.ヘッダ名 250
ngx.HTTP_BAD_REQUEST 242
ngx.HTTP_CREATED 242
ngx.HTTP_FORBIDDEN 242
ngx.HTTP_GATEWAY_TIMEOUT ...242
ngx.HTTP_GONE 242
ngx.HTTP_INTERNAL_SERVER_
   ERROR 242
ngx.HTTP_METHOD_NOT_
   IMPLEMENTED 242
ngx.HTTP_MOVED_
   PERMANENTLY 242
ngx.HTTP_MOVED_
   TEMPORARILY 242
ngx.HTTP_NOT_ALLOWED 242
ngx.HTTP_NOT_FOUND 242
ngx.HTTP_NOT_MODIFIED 242
ngx.HTTP_OK 242
ngx.HTTP_SEE_OTHER 242
ngx.HTTP_SERVICE_
   UNAVAILABLE 242
ngx.HTTP_SPECIAL_RESPONSE 242
ngx_http_status_module 198
ngx.HTTP_UNAUTHORIZED 242
ngx.INFO 243
ngx.location.capture () 260
ngx.log () 242
ngx_lua 226
ngx.NOTICE 243
ngx.print () 240
ngx.re 254
ngx.redirect () 244

ngx.re.match () 254
ngx.req.get_headers () 250
ngx.req.get_post_args () 252
ngx.req.get_uri_args () 251
ngx.req.read_body () 253
ngx.req.set_header () 249
ngx.req.set_uri () 245
ngx.req.set_uri_args () 252
ngx.say () 239
ngx.shared.ゾーン名 258
ngx.shared.ゾーン名:get () 258
ngx.shared.ゾーン名:set () 259
ngx.STDERR 243
ngx.timer.at () 270
ngx.var.変数名 246
ngx.WARN 243
Norikra 212-213
Not Found 70

O

OCSPステープリング 109, 111
open_file_cache 57
open_file_cache_errors 58
OpenResty 266
OpenSSL 19, 98

P

PATH_INFO 144
pathパラメータ 208
PCRE 19, 59
pcre_jit 59
permanent 82
PFS 102
PHP-FPM 141
php-fpm.conf 141
php.ini 141
PHPアプリケーション 141
$pid 37
pid 52
PIDファイル 51
pos_fileパラメータ 208
preforkモデル 8
Procfile 136
proxy_buffering 130
proxy_buffers 131

proxy_buffer_size	130
proxy_busy_buffers_size	132
proxy_cache	163
proxy_cache_bypass	168
proxy_cache_key	163
proxy_cache_lock	170
proxy_cache_lock_timeout	171
proxy_cache_path	163
proxy_cache_revalidate	170, 176
proxy_cache_valid	167
proxy_connect_timeout	133
proxy_http_version	187
proxy_max_temp_file_size	133
proxy_next_upstream	188
proxy_next_upstream_tries	189
proxy_no_cache	168
proxy_pass	126
proxy_read_timeout	134
proxy_send_timeout	133
proxy_set_header	139
proxy_temp_path	132, 169

Q

QUIT	28

R

Rack	134
redirect	82
Referrer	86
$remote_addr	37, 203
$remote_port	37
$request	37
$request_completion	37
$request_filename	37
$request_length	37
$request_method	37, 203
$request_time	37, 203
$request_uri	37, 203
resolver	110
resty-cli	269
return	79
rewrite	81, 147
rewrite_by_lua	230
rewrite_by_lua_file	230
rewriteフェーズ	230

RFC 3484	161
rfc5077-client	113
root	44
Ruby on Rails	134

S

SANオプション	115
SCGI	19, 21
$scheme	37
s_client	111
select	9
sendfile	56
$sent_http_フィールド名	38
server	40
$server_name	37
server_name	43
server(ngx_http_upstream_ module)	184
$server_port	37
$server_protocol	37, 203
Service Unavailable	70
set	85
set_by_lua	230
set_by_lua_file	230
Set-Cookie	250
set-misc-nginx-module	266
SHA-2サーバ証明書	102
SNI	115
<source>ディレクティブ(Fluentd)	207
SPDY	22, 105
ssl_buffer_size	114
ssl_certificate	96
ssl_certificate_key	96
ssl_ciphers	100
ssl_dhparam	102
ssl_password_file	96
ssl_prefer_server_ciphers	101
ssl_protocols	100
ssl_session_cache	106
ssl_session_tickets	107
ssl_session_tikect_key	108
ssl_session_timeout	107
ssl_stapling	110
ssl_stapling_verify	111
ssl_trusted_certificate	111

SSLv3	99
Stable版	17
$status	37, 203
strings	98
stub_status	199
SYN flood攻撃	78
systemctl	29
systemd	29

T

tailインプットプラグイン	207
tcp_nopush	57
td-agent	207
TERM	28
Test::Nginx	278
time_formatパラメータ	209
$time_iso8601	37, 203
time_keyパラメータ	209
$time_local	37, 203
TLS	94
TLS-ALPN	104
TLS-NPN	104
TLS証明書	95
TLSセッション再開	105, 111
tmpfs	129
try_files	138, 144-145, 147
TSV	205, 209
TTFB	103
TTL	161
types	45

U

Unbound	161
Unicorn	134
UNIXドメインソケット	41, 127
upstream	184
$upstream_addr	203
$upstream_cache_status	203
$upstream_response_time	203
$uri	37
use	55
user	52
USR1	28
uWSGI	19, 21

V

valid_referers	87
Varnish Cache	5

W

WebDAV	22, 180
WebSocket	145
Webアプリケーションサーバ	124
Webインスペクタ	195
weightパラメータ	184
worker_connections	54
worker_cpu_affinity	58
worker_processes	53
worker_rlimit_nofile	53

Z

zlib	19
Zopfli	91

あ行

アクセス制限	71
アクセスログ	202
アクセスログの出力	46
アップグレード	220
アップストリーム	122, 183
暗号化スイート	100
イベント駆動	6
インクルード	38
インストール	
ソースコードからの〜	16
パッケージからの〜	24
インデックスページ	68
エラーページ	69, 80
エラーレベル	50
エラーログ	49
オプション	
起動時に指定できる〜	26
オリジンサーバ	154, 171
オンザフライアップグレード	221

か行

キープアライブ	187
キャッシュ	154, 190
キャッシュサーバ	154

キャッシュマネージャ............................165
切り戻し............................223
コルーチン............................226
コールバック関数............................7
コンテキスト............................34

さ行

サードパーティモジュール............................23
サーバ証明書............................95
サブリクエスト............................260
サムネイル............................178
システムサービスとして実行............................28
条件付きリクエスト............................175
証明書失効リスト............................109
初期化フェーズ............................234
スケールアウト............................153
スケールアップ............................153
ステータスコード............................70
正規表現............................64, 254
静的ファイル............................62
セッションキャッシュ............................106, 112
セッションチケット............................107
設定ファイル............................32

た行

タイムアウト............................133
単位
　　サイズの指定に使用できる～............................36
　　時間の指定に使用できる～............................36
中間CA証明書............................96
中間者攻撃............................120
ディスクI/O............................151
ディスクリプタ............................8
ディレクティブ............................33

な行

内部変数の参照............................246
名前付きロケーション............................138
ネガティブキャッシュ............................167
ノンブロッキング............................260
ノンブロッキングI/O............................10
ノンブロッキングソケット............................273

は行

パスワードファイル............................74

バーチャルサーバ............................40
バッファサイズ............................114
パラメータ............................35
非同期I/O............................10
秘密鍵............................95
フォーラム............................12
ブラックリスト方式............................72
プレース............................34
ブロッキングI/O............................10
フロントサーバ............................123
変数............................36
ポジションファイル............................208
ボトルネック............................150
ホワイトリスト方式............................73

ま行

マスタプロセス............................10
マルチプロセス構成............................10
無停止でのアップグレード............................220
メーリングリスト............................12
モジュールの組込み............................20
モニタリング............................198

や行

優先順位
　　locationの～............................65
　　複数のバーチャルサーバの～............................43

ら行

ライセンス............................2
ラベル............................205
リクエストボディ............................127
リダイレクト............................80
リバースプロキシ............................122
リファラ............................86
レスポンスヘッダ............................172
ログファイル............................217
ロードバランサ............................183
ロードバランス............................157, 183, 190
ローリングアップグレード............................220
ロングテール............................156

わ行

ワイルドカード証明書............................115
ワーカプロセス............................10, 51

著者紹介

久保 達彦（くぼたつひこ）

主にCやGoを利用したOSSの開発／メンテナ
ンスに勤しむプログラマ。2009年ごろにnginx
に出会い、HTTPサーバとして日常的に利用し
ていくうちに段々のめり込んでいって、開発メ
ーリングリストにパッチを投稿したりngx_
small_lightやnginx-buildなどの関連ソフトウ
ェアを開発するようになる。

普段は株式会社メルカリにてSite Reliability
Engineerとして勤務。日々システムのパフォー
マンス改善に取り組んでいる。

Twitter/GitHub：@cubicdaiya
URL：http://cccis.jp/

道井 俊介（みちいしゅんすけ）

1988年生まれ。久留米高専、九州工業大学を経
て、筑波大学大学院システム情報工学研究科博
士前期課程修了。2012年ピクシブ株式会社に入
社。nginxを用いた画像配信クラスタやログ解
析基盤の構築・運用を担当、現在は20Gbpsを
超えるトラフィックを処理するまでに成長した。

普段は1児の父として子育てに追われている。

Twitter/GitHub：@harukasan
URL：http://harukasan.jp/

装丁・本文デザイン	西岡 裕二
レイアウト	酒徳 葉子（技術評論社制作業務部）
本文図版	スタジオ・キャロット
編集アシスタント	大野 耕平（WEB+DB PRESS編集部）
編集	池田 大樹（WEB+DB PRESS編集部）

WEB+DB PRESS plusシリーズ

nginx実践入門

2016年2月25日　初版　第1刷発行
2019年7月6日　初版　第2刷発行

著者	久保 達彦、道井 俊介
発行者	片岡 巌
発行所	株式会社技術評論社
	東京都新宿区市谷左内町21-13
	電話　03-3513-6150　販売促進部
	03-3513-6175　雑誌編集部
印刷／製本	港北出版印刷株式会社

● 定価はカバーに表示してあります。

● 本書の一部または全部を著作権法の定める範囲を超え、無断で複写、複製、転載、あるいはファイルに落とすことを禁じます。

● 造本には細心の注意を払っておりますが、万一、乱丁（ページの乱れ）や落丁（ページの抜け）がございましたら、小社販売促進部までお送りください。送料小社負担にてお取り替えいたします。

©2016　久保 達彦、道井 俊介
ISBN 978-4-7741-7866-0 C3055
Printed in Japan

● お問い合わせ

本書に関するご質問は記載内容についてのみとさせていただきます。本書の内容以外のご質問には一切応じられませんので、あらかじめご了承ください。なお、お電話でのご質問は受け付けておりませんので、書面または弊社 Web サイトのお問い合わせフォームをご利用ください。

〒162-0846
東京都新宿区市谷左内町21-13
株式会社技術評論社
『nginx実践入門』係
URL https://gihyo.jp/（技術評論社Webサイト）

ご質問の際に記載いただいた個人情報は回答以外の目的に使用することはありません。使用後は速やかに個人情報を廃棄します。